朝日新書
Asahi Shinsho 798

絶対はずさない
おうち飲みワイン

山本昭彦

朝日新聞出版

はじめに

思いもよりませんでした。10年ぶりに『おうち飲みワイン』の本を書くことになるとは。これも時代の要請なのでしょう。気楽に外食できない時代です。ステイホームを基本とする新しいライフスタイルを、私たちは作り出す必要に迫られています。

これは生き方を変えるチャンスです。おつき合いの飲み会や、ストレスのたまる接待に、時間を割く必要はなくなった。大切な人とのおうち飲みを充実させられます。

前作『おうち飲みワイン　１００本勝負』は、東日本大震災の直後に1か月で書き上げました。おうち飲みを通じて、ワインに慣れようと言いたかったのです。大震災の直後、外食どころではない状況の中で、ワインを心のサプリとして楽しもうよという本でした。

今回の変化はより根本的なものです。飲食スタイルを見直さなければなりません。家族や友人とおうちのテーブルを囲み、ワインのある食事を楽しむ。ごく普通のそんな営みを少しでも充実させるにはどうしたらいいのか？

出てきた答えが、おうち飲みの流儀を最短距離で身につけられるワイン本でした。ワインに手を出した超初心者の方が、味わい方や料理との組み合わせを自分のものにし、最後は自宅でワイン会を仕切れる上級者に成長する。そのお手伝いをします。

幸いなことに、今は使える時間がたっぷりとあります。正面からワインと向き合うチャンスです。ワインスクールに行かなくても、作法や知識は身につけられます。自学自習を助けてくれるツールやアプリが、ネット上にあふれています。お金をかけずに、階段を少しずつ上りましょう。

ワインの入門本は世にあふれていますが、どれも教科書的で、頭に入りにくい。資格を目指す人でなければ読み進めません。本書で最も気をつけたのは専門用語を使わないこと。ブドウの栽培やワインの醸造は、科学と芸術の交錯する学問でもありますが、そこはなるべくさわらずに、ステップアップできるよう話を進めました。

紹介した50本のワインをネットで手に入れる。試飲してコメントを書く。料理との相性を探る。疑問が生じたら本に戻る。また飲んでみる。こうした作業を繰り返すうちに、ぼんやりしていたワインの輪郭がくっきりと見えてきます。

ワインの価格は2500円（税抜、以下同）以内に絞りました。2500円出せば、ある程度の品質と個性があるワインが手に入ります。1000円で、特色のあるお買い得ワインを選ぶのは無理です。背伸びせずに買える範囲で、世界の重要なワインを紹介しています。ワインは場数を踏まないと、体に染み込んでいきません。

ワインの世界は日々進化しています。私も各国を旅して、新しい動きを追いかけてきました。10年前、ほとんど無名だったジョージアやギリシャのワインも、今ではレストランやワインバーで人気です。トレンドも意識し、訪れた産地から50本を選びました。

世の中にはワイン自慢の方があふれています。知識がないと、ワインを飲む場に溶け込みにくい。そんな疎外感を感じる人も多いでしょう。でも、ワインは難しい飲み物ではありません。ブドウを発酵させたただの地酒です。

それが飲むにつれ、知識が深まるにつれ、面白くて深みにはまる。喜びを与えてくれる飲み物です。テレワークやステイホームを強いられても、1杯のグラスワインを飲むだけで、目の前が明るくなる。今は多くのレストランからテイクアウトができます。おうち飲みの流儀が身につけば、自宅をハレの場に変えられます。暮らしに潤いが生まれます。

本書を手にしたあなたは、ワインが好きな方でしょう。好きになったワインがあったら、家族や友人に広めましょう。世界にはあなたの声をシェアできるデジタルなツールやアプリがあふれています。ワインはソーシャルなお酒です。対面でもＺｏｏｍでも、喜びをシェアすることで、おいしさが２倍にも、３倍にもふくらみます。

本書の執筆にあたっては、編集者の岩田一平さんにお世話になりました。改めて、お礼を申し上げます。

山本昭彦

２０２１年１月

絶対はずさないおうち飲みワイン　目次

ステップ3 中級者のために ★★★

ポストコロナのワイン術

図版・谷口正孝

ステップ
1から5まで

飲みながら読み進めて上級者へ
新しいライフスタイル
おうち飲み充実させて暮らしに潤い

新型コロナウイルスで、私たちの飲食スタイルは大きく変わりました。お出かけから足が遠のき、無用な接待や飲み会は減りました。家で過ごす時間が長くなり、おうち飲みが増えています。家族や友人たちと、お酒を交えて食卓を囲むのは、人生の楽しみの1つですが、外食はどうも落ち着かない。心と体の健康のためにも、おうち飲みを充実させた方がいい。そう感じるようになりました。新しいライフスタイルの1つです。

飲食を取り巻く状況も変わっています。その代表がネットのワインショップ。好調です。高めのワインの売れ行きが鈍った反面、普段飲みのお手頃ワインが充実してきました。全国で実店舗を展開するインポーター「エノテカ」の通販事業部は、2020年3月から8月まで5か月間の売り上げが2ケタ増です。

メールマガジンで、産地別やタイプ別の多彩なワインセットを売りこんでいます。おうち飲みが増えると、どうしても消費量が増える。ショップも知恵の見せ所です。コスパの高いワインを発掘してくる。飲み手にも思わぬ発見があります。

客足の落ちたレストランは、期限付きの酒販免許に殺到しました。レストランはワイン単体の小売りができませんが、テイクアウト販売が一時的に許可されたのです。寝かせてきたお宝ワインを泣く泣く手放した店もあります。愛好家にすれば、小売市場では見つからない古めのワインが手に入って大満足です。

事情はアメリカも同じ。調査会社のニールセンによると、ウイルスが広がった3月以降の3か月間で、酒販店など「オフトレード」のワインの売り上げは約3割増えました。カリフォルニアのワイナリーは、顧客にPRするウェビナー（ウェブ上のセミナー）に力を入れ、消費者への直接販売を強化しています。

一方で、レストランやホテルの不調で、国内のインポーターや卸売業者は苦しんでいます。大半の業者の2020年4月と5月の売り上げは19年の2割に落ち込んだ。普段は厳しい割り当て販売となっているドメーヌ・ド・ラ・ロマネ・コンティ（DRC）など高価なワインも、ひそかにレストランやショップに放出されました。

営業マンも必死です。東京・銀座の一つ星レストラン。オーナーシェフはボルドーの格付けシャトーのセカンドワインを定価の5割以下で提案されて驚きました。

レストランのテイクアウトで食卓がハレの場に

テレワークが中心となり、太った方も多いでしょう。私も巣ごもりを3か月間も強いられて、1キロ増えました。運動不足だけが理由ではありません。ついついレストランのテイクアウトを食べ過ぎたのです。知り合いのレストランを応援する気持ちもあって、車ででかけては、フランス料理店のパテや魚介のグラタンを持ち帰りました。

フレンチやイタリアンは本来、レストランで食べる料理です。でも、営業の自粛や短縮を迫られて、シェフもテイクアウトやデリバリーに力を入れざるを得なくなりました。街を歩けば、どの飲食店も「テイクアウトＯＫ」の看板を掲げています。この状況は今後も変わらないでしょう。

新型コロナウイルスの思わぬ副産物です。星付きレストランのフォアグラから、老舗中華レストランの北京ダックまで、自宅で食べられる時代がやってきました。専門のシェフが調理した本物の料理は、工場で造るデパ地下惣菜にあるような画一的な味わいとはまるっきり違う。グラスが進んでしまう。しかも、ワイン代は外飲みよりはるかに安い。

レストランも当面は、ウイルスと共存するしかない。中食用メニューにさらに力を入れるでしょう。ワインを開けて、料理をよそゆきのお皿に盛り付ける。それだけで、普段の食卓がハレの場になるのです。おうちにはソムリエがいない。おうち飲みの常識を身につけるのは、車の運転のように大切な技能となります。

日本のワイン消費量は、平成の30年間で3倍以上に増えました。２０１９年に最も多く輸入されたのはチリワイン。5年連続でトップを走り、輸入ワインの4本に1本がチリです。経済連携協定（EPA）で関税がゼロになり、それまで1位のフランスを抜きました。

EUも日本とEPAを結んで、フランスワインも巻き返しています。カリフォルニアワインの関税も25年には、撤廃される見通しです。ワインの種類も価格の幅もさらに広がります。

日本人が年間に飲むワインは1人4・2本（3・2リットル）です。世界一のポルトガルは82本。遠く及びませんが、逆に言えば伸びしろがあります。

ワインはオンとオフを切り替えるのに最適なお酒です。テレワークのストレスを取り払い、気持ちを高揚させます。アルコール度が高すぎず、スピリッツと違って、鬱っぽくなりにくいとも言われます。おうち飲みを充実させれば、生き方が前向きになり、暮らしにときめきと潤いが生まれるに違いありません。

本書はステイホーム時代の新しい生き方のお手伝いをするガイドです。ワインの超初心者の方がステップ1から始めて、ステップ5までたどり着けば、ワインへの怖れのようなものが取り払われ、ワインを飲むのが楽しくて仕方なくなります。

ステップ1で心づもりをして、ステップ2はブドウ品種と産地の大枠をつかみます。ステップ3はちょっと階段を上り、テイスティングの基本をものにして、言葉で表現します。ステップ4で料理との相性を身に着けたら、ステップ5でワイン会を仕切れるようになりましょう。

ステップごとのテーマに合わせたワインを、2500円以内で選びました。飲みながら、読み返して、理解を深めてください。読み終えるころには、あなたは上級者の仲間入りをしているでしょう。それからは、あなたの流儀でおうち飲みを楽しんでください。

ステップ

1 ★

超初心者のために
ワインは難しくない

ワインは語るものではなく、喜びをわかちあう飲み物

20年以上前、歌手の竹内まりやさんにインタビューした際、カラオケの話題になりました。彼女はカラオケが苦手です。「聴き手を喜ばせるためでなく、自分で満足するために歌う人が多い」というのがその理由でした。

カラオケと同様に、ワインも承認欲求の道具にされている。そう感じることがよくあります。ワインはハードルが高いと、腰が引けている人が実は多いのです。

親戚の女子と飲んだ時の話。飲む前から「ワインの味がわからなくてゴメンね」と、謝られてしまったのです。ワインを飲むのにしきたりや知識はいらないのに……と驚いてしまうと同時に、考え込んでしまいました。

「ワインを語る」人が多くて、特別な飲み物と思われているせいかもしれません。

雑誌やSNSは、ワイン自慢やウンチクであふれかえっています。分別のありそうに見える大人が、なぜワインが絡むと、マウンティングに走るのでしょうか？

本書を手にとった方。おびえることはありません。ワインは語るものではない。飲むも

のです。家族や友人と食卓を囲んで、喜びをわかちあうためにあります。小難しい飲み物ではありません。世界中どこでも飲まれています。

ワインを造るのは簡単です。いや、造ろうとしなくても、自然にできます。熟したブドウを何かの容器に入れる。野生の酵母の力で発酵が始まります。発酵といっても、難しくありません。パンも味噌も発酵の産物です。酵母がブドウの糖分を食べて、アルコールと二酸化炭素を生み出す。生まれる液体を樽や瓶に詰めれば、出来上がり。

ワインは8000年前にジョージアで生まれました。クヴェヴリという素焼きの甕《かめ》にブドウを入れて、蓋を閉じます。何か月かたって開けると、ワインになっていました。

フランスやイタリアの田舎で、協同組合に行くと、近所の人がタンクの栓をひねって出てくるワインを瓶やペットボトルに詰めて持ち帰っています。高くても数百円。摘みたてのイチゴやプラムをほおばるような、素朴で、心浮き立つ味わいです。

予断を持たずにグラスの液体と向き合う

高級ワインも本をただせば、ただの地酒です。それなのに、なぜ1本100万円で取り引きされるワインがあるのでしょうか? それは農産物に付加価値がついて、ブランド品になったからです。1房5000円超のルビーロマンのように。

ブランド品になると、そこに付随するビジネスが生まれます。その1つが「ソムリエ」。ワイン選びやサービスのプロです。

ソムリエもワインを飲み始める人のハードルを上げています。黒服を着ていて、いかめしい。雑誌に登場して、耳慣れない言葉や、縁遠い料理との相性を語っています。レストランで会うと、気後れする人も多いでしょう。ひとまずその存在は忘れておいていい。

ワインを楽しむのに、理屈はいりません。私がワインと出会ったのは40年近く前、大学時代の貧乏旅行です。フランスで150円の安酒を買って、焼きたてのバゲットとハムを食べたら、そのよく合うこと。みずみずしい果実味が、ハムの脂と溶け合い、いくらでも飲めてしまう。

皆さんにもそんな出会いをして欲しいのです。予断を持たず、グラスの液体を味わってください。甘いか、酸っぱいか、しっかりしているか。そんなところから始めましょう。

ステップ1は超初心者向けです。日本人が1年に飲むワインが4本なら、ボジョレー・ヌーヴォー、クリスマスのシャンパン、あとは正月や歓送迎会といったところでしょう。そんな方々を思い浮かべながらお話を始めます。

ワインは2日目がおいしい

ワインを開けるのはためらわれる。1回で飲みきれないから。ビールや缶チューハイなら残しても気がとがめないけど……そんな人は多いのではないでしょうか。わかります。私も最初はそうでした。でも、気にしなくていいんです。

ワインは開けて2日目がおいしい。

栓を逆さにして瓶の口に突っ込んで、冷蔵庫で冷やす。次の日に飲むと、赤ワインは舌触りがまろやかに、白ワインの酸味は穏やかになっているはず。香りもほどけて、愛想良くなっています。

酸素にふれて、酸の角がとれ、タンニンの渋みが丸くなり、まとまりが出るのです。これは、シャンパンなどスパークリングワインも同じ。1日で酸化したり、平たくなったりすることはありません。私はほとんどのワインを3回は、開け閉めして飲みます。本書に紹介するワインなら、4、5日は心配無用。酸素はワインの敵ではなく、友だちです。

ボルドーの生産者は赤ワインを試飲する場合、数時間前から栓を抜いておきます。飲み急がないでください。大きめのグラスに注ぐと、時間とともに、香りは変化する。1杯に15分くらいかけるつもりで。ワインはゆったりした気分にさせてくれる飲み物です。

ただ、半分近く飲むと、さすがに酸化が進む可能性がある。それを防ぐために、用済みのハーフボトルとコルクをとっておいて、移し替えるといい。移し替えは両方の瓶をできるだけ平らにして、瓶の口から口に細く長く注ぐ。難しければジョウゴで大丈夫です。瓶なら何でもいいのですが、ペットボトルはすすめません。酸素をよく通すから。スパークリングワインだけは、気が抜けるので、専用のストッパーで栓するといい。

ワインは香りの飲み物　グラスだけはけちらずに

順序が後先になりましたが、ワインを飲もうと思い立ったら、必要なものが2つあります。1つがオープナー、もう1つがグラスです。

ワインオープナーは100円均一ショップでも揃えています。最初は両側にレバーがついていて、テコの原理でコルクを引き上げるタイプが無難でしょう。

ナイフとスクリューが別になっている「ソムリエナイフ」はおススメしません。ソムリエのようにカッコよく栓を抜こうと思っても、コルクの真ん中にスクリューを刺すのが難しい。途中で折れたりします。

肝心なのはグラスです。ここは「100均」でけちらないでください。コップや安物のグラスだと香りが立ち上がりません。

私が使い続けているのは、ショット・ツヴィーゼルです。ヴィーニャ・シリーズのワイン（キャンティ）と呼ばれるタイプ。軽くて、柔軟性もあって、割れにくい。10年間、これで試飲してきましたが、一度も割れたことがない。テーブルで倒して、何度かヒヤッとしましたが無事でした。

ボウルに適度なふくらみがある。香りをためられます。私は白も赤もスパークリングも、高価なワインもこれで試飲します。同じグラスを毎日、使うから評価がぶれません。私にとってのメートル原器です。海外の見本市でもよく使われています。定価は2000円。ワインの道具でかかるお金はこれだけです。

ショット・ツヴィーゼル社製のグラス。ヴィーニャ・ワイン（キャンティ）

ワインは香りを愛《め》でる飲み物。陸上ランナーの靴や野球選手のバットのように、まずはマイグラスで自分の座標軸を作りましょう。

ワインは高いほどおいしいのか

ロマネ・コンティはおいしいのですか?

ワインを飲み始めた方によく聞かれます。

この質問は2つの問いを含んでいます。1本のワインに200万円も払う価値があるのか? ワインは高いほどおいしいのか?

「経験を積んでから飲んだ方がいいですよ」

自分の体験からシンプルにそう答えています。

私のロマネ・コンティの初体験は30年以上前。ボルドーの酒屋で買った1972年です。4万円でした。熟成したチーズやスパイスの香りと絹のような舌触り。当時は経験が浅く、表現する言葉も貧弱で、魅力の半分も理解できませんでした。

その後、蔵での樽からの試飲も含めて、何度か飲む機会に恵まれました。今ならもっといろいろなものが見えます。三つ星の寿司の凄さがわかるには時間がかかる。絵画や音楽は鑑賞を重ねるほど、審美眼が磨かれます。大金を払ったのに、ワインの本質をつかまえられないともったいない。場数を踏んでからの方が、幸福な出会いとなります。

それでは、高いワインほどおいしいのか。

答えはイエスでもありノーでもある。1万円を超すボルドーと3000円のボジョレー・ヌーヴォーを比べたとしましょう。多くの初心者は、「ボルドーは渋い。ヌーヴォーはフルーティで飲みやすい」と感じるはず。高価なワインは複雑な要素が絡まりあってわかりにくい。値段に比例して、感じるおいしさも増すとは限りません。

子どもはナポリタンが好きですよね。ゴルゴンゾーラのペンネを好む子どもなんて聞いたことがない。初心者のうちは、果実味あふれるジューシーなワインをおいしく感じるものです。たくさん飲むと、それでは物足りなくなる。味覚が発達していくわけです。

忘れてほしくないのは、ワインは本来安いもの。高いのは例外です。毎日のように飲む地酒ですから。そこから積み重ねて、高いワインをおいしく感じるようになる。スポーツでも仕事でも、その過程が楽しいのです。

ステップアップのその道筋を、最短で進めるように、お手伝いします。

ワインは早めに飲む　収穫年は気にしない

よく聞かれる質問をもう1つ。

お歳暮でもらったワインですが、寝かせた方がいいですか？

答えは決まっています。「早めに飲んだ方がいいです」と。

この方はおそらくワインセラーを持っていない。日光や熱にさらされて味わいが落ちるくらいならすぐに飲んだ方がよいからです。

熟成によって味わいが発展する。これはワインの特色です。それを理解するには知識や経験が必要です。このあたりはステップ5で改めて説明します。

ワインは収穫年で出来が違う。収穫年は英語で「ヴィンテージ」、フランス語で「ミレジム」といいます。ワインに慣れると、ヴィンテージの良し悪しが気になります。

一般的にははずれ年（オフヴィンテージ）の方が、当たり年より安い。早くから香りが開いて楽しめる。オススメです。

初心者のうちはこれも気にしないでいい。はずれ年の方が親しみやすいでしょう。

コラム

ロマネ・コンティはなぜ高価なのですか？

畑の十字架は世界の愛好家の撮影スポット

「ワイン・サーチャー」という世界最大のワイン検索サイトが毎年、取引価格に基づいて世界で最も高価なワインを発表します。トップは常にロマネ・コンティ。ここ数年は200万円前後です。

蔵出し価格は年で前後するが2000ユーロを切る。正規輸入元が売れば50万円台のワインがなぜ4倍になるのか？　高級ワインに目覚めた中国の富裕層が買い漁《あさ》るからです。

2018年に、1945年のロマネ・コンティが、サザビーズのオークションで6200万円で落札されました。戦争で手入れできなかったにもかかわらず、天候に恵まれて素晴らしい出来になった年です。生産量はわずか2樽で600本。正規代理店のワイン商「ジョゼフ・ドルーアン」が蔵の奥深くで熟成したボトルで、来歴も申し分なかった。歴史的な最高値となりました。

ロマネ・コンティの畑はわずか1・8ヘクタール。平均年産量は6000本前後です。世界中が奪い合います。多くが星付きレストランに直行し、小売り市場にダイレクトには出ません。

17世紀までさかのぼる歴史を持つ畑は神に祝福される一方で、時に悪魔にも魅入られる。畑を人質に100万ユーロを奪おうとした脅迫事件も起きました。最も偽造されるワインでもある。飲まれること少なく、語られることばかり多い神秘的な液体です。

Ⓐ

Ⓑ

Ⓒ

Ⓓ

Ⓐ 共同経営者のオベール・ド・ヴィレーヌとパメラ夫人（自宅で）
Ⓑ 6200万円で落札されたロマネ・コンティ 1945（©サザビーズ）
Ⓒ 地下のカーヴで熟成される
Ⓓ 語られること多く、飲まれることの少ない神品

ビオディナミで栽培され馬で耕作されます。優美で複雑な香り、絹のような質感、繊細で旨味の載った味わい、足し引きの必要がない球体のようなバランス感を備えています。残念なことに早く飲まれすぎる。最低でも20年は寝かせたい。しおれたバラ、腐葉土、なめし革などの複雑な香りで、部屋が満たされます。

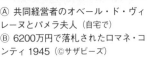

ワインをおいしく飲むポイントの8割は温度

「料理の鉄人」で有名な森本正治さん。世界中にレストランを展開し、航空会社のマイルが200万マイル以上たまっているセレブシェフです。カリフォルニアのナパヴァレーのレストランで取材した時、ワイン・ディレクターがシャンパンのドン・ペリニヨンを開けてくれました。

サービスしてくれたのはベトナム系の20代の若者。氷水のバケツにつけた瓶を何度も出し入れしながら「温度はどうか」と聞く。「グラスはどうか」と聞くので、「(細長い)フルート型より白ワイン用グラスがいい」と答えると、すぐに取り替えてくれました。

ソムリエ資格は持っていなくても、完ぺきなサービスでした。

ワインをおいしく飲むポイントは2つ。グラスと温度です。温度調節はその8割を占めています。ワインに合う温度は、造り方を知っておくとわかりやすい。白、ロゼ、赤、それに発泡性《はっぽうせい》(スパークリング)の4種類について説明します。

白ワインはブドウを搾《しぼ》って、その果汁を発酵させます。爽やかな酸味と新鮮な果実味が持ち味です。搾りたてのオレンジ・ジュースを想像してください。

赤ワインは巨峰《きょほう》のような赤黒いブドウを丸ごと搾って、果皮や種を含んだもろみごと発酵させます。色素とタンニンが出て赤い色になります。骨組みと重厚な香り、渋みが特色。ロゼはその中間。果皮から色素を軽く抽出して発酵させ、ピンク色に仕上げます。スパークリングワインはいったん、白ワインを造って、それを瓶に詰めてもう一度発酵させます。詳しい作り方は後ほど説明しますが、活気のある泡とキレのよい酸が魅力です。

冷蔵庫で冷やして ふさわしい温度帯を探す

ワインの適温はタイプによって変わります。

白ワインは冷やした方がおいしい。果物は何でも軽く冷やしますね。酸味が際立ち、果実の香りが明瞭になります。軽い白は10度以下がおいしい。ロゼワインも、白ワインと同じ程度の温度です。

赤ワインはしっかりした味わいと渋みがまろやかに感じられる温度で。緑茶を冷やしすぎると渋みが出ますね。12度から18度くらいがちょうどよい。「赤ワインは室温で」と言われますが、これはフランスの18度から20度を想定しての話です。

スパークリングワインはきめ細かな泡が命。ぬるいコーラはおいしくないでしょ。でもビールのようにキンキンに冷やすと香りが立たない。8度前後が適切です。そうはいっても、ワインの温度などわかるわけがない。

簡単な方法があります。晩秋から春先の期間を除いて、ワインを買ってきたらまず冷蔵庫に入れてください。亜熱帯化が進むニッポン。室温は1年を通じて20度から25度でしょう。いったん冷やす方がいいのです。

スパークリングワインは冷蔵庫から取り出してそのまま飲む。白ワインを引き出すのは30分前、赤ワインは1時間前で大丈夫です。

グラスに注ぐと温度が上がります。スパークリングは泡立ちと香りのバランスがとれる温度で。白ワインならフレッシュさとフルーティな香りが保たれる10度から14度で。赤ワインはまろやかさと豊かな香りが最も感じられるポイントを覚えましょう。

意識して繰り返すうちに風味の違いがつかめてきます。ステップ3で練習しましょう。

グラスは回さない　口にふくんで音をたてない

ワイン好きの飲み方を見ていて、違和感を感じる動作が2つあります。1つがグラスをグルグル回すこと。もう1つはワインを口にふくんでビュルビュルと音を鳴らす癖です。どうも美しくありません。

グラスを回すのはスワリングといって、ワインに素早く空気をふくませる狙い。香りが早く立ち上がります。口にふくんで音をたてるのも同じ。素早く香りを発展させるためです。要は時間を節約する技術です。

グラスを回すのは、ソムリエのコンクールやワインの品評会でよく見かけますが、音をたてる人はほとんどいません。コンクールや品評会は時間との戦い。私も国内外の品評会や見本市で、大量に試飲する際は回します。でも普段は回さない。音もたてない。

どちらもスマートじゃない。これ見よがしで恥ずかしい。初心者のうちは、ワインと向き合う時間をゆったりと楽しみましょう。

「ペアリング」は気にしない でもサワリだけ披露

最初は気にしないでいいことをもう一つ。料理との「ペアリング」です。ちょっと前までは、マリアージュと言われていました。ここ数年は、雑誌やセミナーで、ペアリングという言葉が多用されています。

料理とワインの相性はソムリエの専門領域。プロがそれを前面に出すのは当然です。私の知り合いにも、感覚ではなく、論理的にペアリングを語れるソムリエが少数います。なるほどとうならされます。

ただ、ペアリングを言い出すと、ワインは難しくなります。日本人は型を重んじる生真《きま》面目《じめ》な性分だから無理もないけれど、最初は気にしなくても大丈夫。ワインを飲むからといって、わざわざハムやチーズを買いに行くことはありません。飲みたいものを飲めばいい。赤が好きなら赤、白が好きなら白を。

ワインは生まれた土地の産物に合います。コンビニで冷凍のナポリタンを買ったら、イタリアワインでいい。きんぴらごぼうだってワインの肴《さかな》になる。土臭さがあるから、ブルゴーニュの赤ならいけます。気楽に行きましょう。

ただ、せっかくワインを飲むのだから、料理と合わせたいという方もいるでしょう。ステップ4で詳しく話す前に、さわりだけお聞かせしますね。

大原則は色合わせです。白い料理には白ワイン。赤い料理には赤ワイン。ピンク色の料理にはロゼワインが合います。

魚介、野菜、鶏料理はおおむね白です。調理にオリーブオイルを使うならイタリアの白を持ってくる。刺し身や寿司、焼いたり、蒸した魚介は、スパークリングや白が寄り添ってくれます。バターで調理した場合は、フランスワインを選べばいい。

赤といっても、色調は淡いルビーから、濃いガーネットまで幅が広い。淡い色調の赤は、タンニンが控えめ、ロゼに近い軽やかさがある。ほんのりピンクのしゃぶしゃぶやサーモンもいけます。焼き肉やステーキは、濃厚でどっしりした赤に合います。

ロゼは白と赤をつなぐ万能選手。ぴったりと合う料理は難しい反面、大きく外れることもない。健康志向の進むフランスでは、ロゼの消費量が白を追い越しました。

ネットショップから始めよう

さてここまではワインの入り口のお話。早く飲みたいという方も多いでしょう。ワインを買わないと話が始まりません。

ワインを売っている店は、4つに大別されます。街のワインショップや酒屋、スーパーマーケット、デパート、ネットショップです。

まずはネットショップから始めましょう。人手や店舗にお金をかけない分、割安です。実店舗がメインではないから、ワインを展示して品質が落ちることもない。定温倉庫から直接出荷します。私の経験では、ワインの状態が悪かったこともありません。

日本のワインショップの神経質さは世界でも指折り。真冬でも冷蔵便にこだわるショップすらあります。フランスではもっと大雑把です。シャンパーニュ地方では、8月に出荷する生産者も見かけました。シャンパンが最も売れるのは12月。9月から10月は収穫と醸造で忙しいから、一足先に出荷するのです。

ネットショップは送料が……と気にする方がいます。店舗に足を運ぶ交通費や時間を考えれば、1000円から1500円の宅配便は安いものです。重いものを運ぶ苦労もない。

10年前、アマゾンジャパンの社長にインタビューした際、なるほどと思わされた言葉があります。

「買い物に行くこと自体は楽しい。でも、その時間をほかのことにあてれば、別の楽しみが得られます」

習うより慣れろ メルマガは情報の宝庫

今はデイリーワインのお得なセットに力を入れるショップも多い。気になるワインが含まれていたら、試しに注文するといいでしょう。ワインセットはレストランの看板メニューみたいなもの。気合いが入っているし、値段も抑えている。店主のセンスもわかります。コスパが高いと思ったら、リピートすればいい。

消費者向けに自社サイトで販売する輸入業者も出てきました。

輸入ワインは通常、輸入業者が6掛けで帳合《ちょうあい》の卸売業者や業務販売店に卸し、そこからショップやレストランに販売されます。通常の取り引きと競合しないよう、値引率はそこそこですが、それでも売り上げが増えているそうです。おうち飲みの初心者でしょうか。品ぞろえが充実しているし、何と言ってもワインの状態はピカイチです。

ワインショップに注文すると、メルマガが来るようになります。メルマガは情報の宝庫です。内容が少しずつわかるようになれば、自分が進歩している証拠です。店主の人柄も表れます。ワインが好きで、自分の愛するワインを飲んでほしい。そんな熱い情熱が伝わってくる店は間違いありません。お店探しは人探しです。

ただ、顔の見えないネット市場は注意も必要です。ネットショップが出店している主なプラットフォームは、楽天市場、ヤフー、アマゾンですが、最近は質屋やリサイクルショップが同業者や消費者から購入したワインを販売するケースも目に付きます。「中古」のマークが付いたショップは要注意です。ワインの状態もわからない。偽物の危険もある。相場より安いといって、飛びつくのはリスキーです。ヤフオク！（ヤフー・オークション）には、明らかな偽造ワインをとんでもない値段で出品しているケースも珍しくない。慣れないうちは手を出さないようにしましょう。

ともあれ、ひとまず、本書で紹介するワインの名前や生産者をグーグルで検索してみてください。様々なショップがヒットするでしょう。その中から、相性の良さそうな店に注文してください。すべて飲めば、現在の世界の流れがわかります。楽しむうちに体が覚えます。習うより慣れろです。

コラム

ヤフオクやメルカリに蔓延する偽造ワイン

偽造ワインは世界中に蔓延しています。ワイン鑑定の権威モーリン・ダウニーは、高級ワインの5本に1本は偽造ワインと推定しています。標的はボルドー、ブルゴーニュ、カリフォルニアなどの数十万円から100万円を超す希少なワインです。

米国では〝コンティ博士〟と呼ばれた偽造犯が逮捕され、映画にもなりました。FBIの依頼で偽造ワインを鑑定したダウニーは、「600億円を超す彼のワインが世界に漂流している」と主張しています。ババ抜きのババのように所有者が移り変わるのです。

中国、イタリア、フランスなど各国で、警察が頻繁に偽造ワイン団を摘発しています。ゼロから瓶やラベルを製造したり、ラベルを張り替えたりと、空き瓶に安ワインを詰めたり、デジタル技術が進んで、手口も巧妙化しています。

日本も対岸の火事ではない。ヤフオク！やメ

ヤフオク！で17万4000円で落札された「アンリ・ジャイエ　ヴォーヌ・ロマネ・レ・ブリュレ　1987」。アペラシオンが異なる

ルカリにも偽造ワインがあふれています。ブルゴーニュのドメーヌ・ド・ラ・ロマネ・コンティ（DRC）やアンリ・ジャイエが目立ちます。産地の表記が間違っていたり、キャップシールが安物だったり、ラベルに貼り直した跡があったり……大半は知識があれば見破れます。最後はキャップシールを切って、コルクを確認するしかないのですが、これは売り主が嫌がります。

DRCの空き瓶10本セットがメルカリで14万円で売れていました。中国人が買って安ワインを詰めるケースもあります。自衛策は並行品やオークションに手を出さないことです。

ヤフオク！に８万5000円で出品された空き瓶のロマネ・コンティとラ・ターシュ

真贋を見分けにくいルーミエの「シャンボル・ミュジニー　プルミエクリュ・アムルーズ 2013」。左が偽物で、右が本物。赤の色調とフォントが異なる

オススメのネットショップリスト

●Ｗｉｎｅ ｃｅｌｌａｒ ウメムラ
https://www.rakuten.ne.jp/gold/umemura/
圧巻のブルゴーニュとシャンパーニュの品揃え。解説も詳細。

●タカムラ ワイン ハウス
https://www.rakuten.ne.jp/gold/wine-takamura/
楽天市場のトップを独走する。ワインセットから高級ワインまで。

●うきうきワインの玉手箱
https://www.rakuten.ne.jp/gold/wineuki/
ワインの説明が詳細で、お買い得ワインが多い。

●ヴェリタス
https://www.rakuten.ne.jp/gold/veritas/
デイリーから高級までお買い得が多い。自社輸入品も充実。

●京橋ワイン
https://www.kbwine.com/index.html
メルシャンが運営。セット物が充実し、お買い得品も多い。

●イタリアワイン通販［にしのよしたか］
http://www.nishino-yoshitaka.com/
イタリア好き店主が毒味して選んだ厳選ワインを販売。

●トスカニー
https://www.rakuten.ne.jp/gold/toscana/home/windex.html
イタリアが充実。生産者のインタビュー記事も掲載。

●ワイナリー和泉屋
https://www.wizumiya.co.jp/
店主の新井治彦さんが目利きで、スペインワインの品揃えは日本一。

●代官山ワインサロン Le Luxe
https://www.rakuten.ne.jp/gold/leluxe/
ブルゴーニュとシャンパーニュに強い。ワイン預かりサービスも。

●フランス銘醸ワイン専門店 勝田商店 KATSUDA
https://www.rakuten.ne.jp/gold/katsuda/
フランス、カリフォルニアの高級ワインが充実。

●Anyway—Grapes
https://anyway-grapes.jp/

小規模生産者が充実したマニアックな品揃え。紹介も丁寧。

●マチュザレム
https://mathusalem.jp
創業100年を超す老舗のシャンパーニュ専門店。

●エノテカ・オンライン
https://www.enoteca.co.jp/
実店舗も展開する輸入商社が運営。産地・生産者情報が充実。

●ピーロート・ジャパン
https://www.pieroth.jp/
訪問販売をベースに始めた。情報も品揃えも充実。

●渋谷・東急本店　和洋酒売場（ＴＨＥ ＷＩＮＥ）

https://www.tokyu-dept.co.jp/honten/shop/detail.html?shopcode=wayosyu
ソムリエ藤巻暁さんの世界に目配せのきいたセレクション。

●ルグラン・パリ
メールでsalesjp@caves-legrand.comに問い合わせ
輸入元ｎａｋａｔｏ傘下の老舗ワイン商がパリから直送。記念日のためのレア物や古いヴィンテージが探せる。
電話　03-3405-4233

ステップ

1

★

試飲ワイン

8本

名門シャトー支配人が居城で楽しむおうち飲み

〈No.1〉

シャトー・マルジョス ブラン　2017

Chateau Marjosse Blanc 2017

産地	フランス　ボルドー　アントル・ドゥ・メール
ブドウ品種	セミヨン50%、ソーヴィニヨン・ブラン45%、ミュスカデル5%
希望小売価格	1900円
輸入元	エノテカ　TEL 0120-81-3634

ボルドーで大切なのは、オーナーと支配人、醸造責任者です。マルジョスの所有者はピエール・リュルトン。ボルドーに約30ものシャトーを所有する名門リュルトン一族の出世頭です。サンテミリオンのシュヴァル・ブランとソーテルヌのディケム。赤と甘口白の頂点に立つシャトーの支配人を務めています。所有するLVMHグループのCEOベルナール・アルノーから信頼され、経営を任されています。

デイリーワインの産地アントル・ドゥ・メールにありますが、3倍以上の値がつくメドックの白ワインに劣らない。最新の醸造設備を取り入れて、ワイン造りにもすきがありません。レモンコンフィや洋ナシの香り、キレがよく、リフレッシュさせられます。にがり塩を帯びた味わい。刺し身や寿司と好相性です。優れた経営者が原点に戻って、居城を取り囲む畑で汗を流して、長年の経験をつぎ込んでいる。その奥深き味わいを、毎日の食卓で家族と楽しんでいます。秘密の庭から生まれる、これぞおうち飲みワインです。

陽気に回し飲み
収穫人のまかないワイン

〈No.2〉

レ・ヴァンダンジュ セレクテッド・バイ・クリスチャン・ムエックス　2016

Les Vendanges Selected By Christian Moueix 2016

産地	フランス　ボルドー
ブドウ品種	メルロ80%、カベルネ・フラン20%
希望小売価格	1900円
輸入元	エノテカ　TEL 0120-81-3634

工業製品はオーナーがしっかりしていれば信頼できます。ワインも同じ。クリスチャン・ムエックスの名がついているだけで、開ける前から期待が高まります。クリスチャンは兄の所有するペトリュスを約40年間にわたり造ってきた〝ミスター・メルロ〟。ペトリュスは世界から評価されるボルドーで最も高価なワイン。40万円はくだりません。

ダンディですが、いまだにパソコンを使わない農民でもあります。長年、ワイン商を営んできた経験を生かして、ボルドー各地のブドウをブレンドし、収穫を手伝いにくる作業人たちにふるまうために造りました。夕食時にボトルを回し飲みして疲れを癒やす。食堂の陽気な雰囲気が目の前に浮かぶようです。ジューシーでフルーティ、気軽な味わいです。「高級なイメージのあるボルドーにも食卓を飾るデイリーワインがある」と知ってほしかったという。農民たちのまかないワイン。冷やし気味でガブガブ飲みたい。ラベルは美術商だった奥様の作。家族の温かさも伝わってきます。

スイスイ飲める
日常向けボルドー

〈No.3〉

シャトー・ラバトゥ
グランド・レゼルヴ　2016

Chateau Labatut Grande Reserve 2016

産地	フランス　ボルドー アントル・ドゥ・メール
ブドウ品種	カベルネ・フラン50%、メルロ30%、カベルネ・ソーヴィニヨン20%
希望小売価格	2200円
輸入元	ジェロボーム　TEL 03-5786-3280

ボルドーには６０００軒を超すシャトーがあります。よく知られている格付けシャトーはその中のごくわずか。知名度が低くても、品質の優れたシャトーは山ほどあります。地元民が日常飲むのはそんなワインばかりで、お値段は10から15ユーロ。日本に輸入されても２０００円前後です。星付きの寿司屋でなくても、街の寿司屋で十分に楽しめるように、その価格帯にこそ発掘する楽しさがあります。

このワインはマルジョスと同じくアントル・ドゥ・メールの産。シルヴィー&ヴァンサン・ルヴィユー夫妻が、２００３年に家族の畑を引き継いで造っています。ボルドーはスーツを着たベテランだけではない。伝統産地だからこそ、世代交代と共に、意欲的な若手生産者が現れます。ブラックベリー、プラムの香り、甘いタンニンとジューシーな酸。メントールのタッチがありフレッシュです。２０１６年は熟度が高くバランスのとれたヴィンテージ。スイスイと飲めてしまう親しみやすさもありながら、３年は楽に熟成します。

寿司に鉄板
プティ・シャブリ

〈No.4〉

ドメーヌ・ジャン・クロード・コルトー
プティ・シャブリ　2017

Domaine Jean-Claude Courtault
Petit Chablis 2017

産地	フランス　シャブリ
ブドウ品種	シャルドネ100%
希望小売価格	2300円
輸入元	エノテカ　TEL 0120-81-3634

シャブリは日本人が最も好きな白ワインの1つ。輸入されるブルゴーニュワインの約6割が白ワインで、その半分がシャブリ。日本で飲まれるブルゴーニュの4本に1本がシャブリなのです。プティ・シャブリは下位のアペラシオン（78ページコラム参照）ですが、生産量の2割を占めている。シャブリは石灰岩に貝の化石が交じるキンメリジャン土壌が有名ですが、プティ・シャブリはそれより年代の若いポートランディアン土壌です。条件は劣りますが、優れた造り手にかかれば、普通のシャブリ村名と遜色がない。通の狙うお買い得ワインです。

ここはコルトー家が営む歴史の若い造り手です。シャブリは伝統派と現代派に大別されますが、これは現代派。ステンレスタンクで醸造し、クリーンで万人受けするスタイル。レモンの皮、青りんご、潮の飛沫《ひまつ》、すがすがしい酸があり、質感はまろやか、ほのかに塩気を帯びた味わい。生牡蠣はもちろん、魚介類や寿司にもOK。シャブリは東京の高級寿司店が最も多く揃えているワインです。

さわやかで飲み飽きない
ブルゴーニュ白入門編

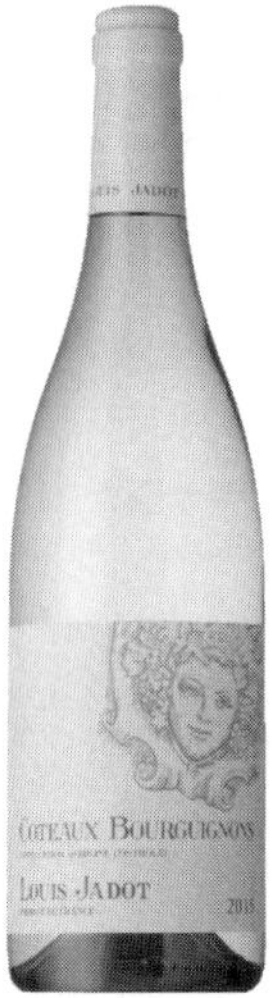

〈No.5〉

ルイ・ジャド　コトー・ブルギニヨン・ブラン　2018

Louis Jadot Coteaux Bourguignons Blanc 2018

産地	フランス　ブルゴーニュ
ブドウ品種	シャルドネ90%、アリゴテ10%
希望小売価格	2200円
輸入元	日本リカー　TEL 03-5643-9780

シャブリからボジョレーまで、ブルゴーニュ全域のブドウを使って造れるのがコトー・ブルギニヨンです。白と赤があります。2500円以内でおいしいブルゴーニュを探すとなると、この広域アペラシオンになります。ルイ・ジャドは19世紀前半からの歴史を有するネゴシアン（ワイン商）ですが、ワインの6割は自社畑から造られます。自分たちで栽培する畑の比率の高い生産者のワインは品質が安定しています。所有者は米国の実業家。世界で評価される安心のブランドです。

このワインはアリゴテをブレンドして、生き生きとした味わいに仕上げています。アリゴテは19世紀にはシャルドネと並んで各地で植えられていた。コート・ドールの白ワインの起源をなす品種です。ブルゴーニュも温暖化が進んでいるので、アリゴテのキリッとした酸味が心地よい。白い花、石灰の香り、さわやかで、飲み飽きしません。食前に1杯、シラスなどの肴に合わせるとおいしい。このクラスの白は赤よりも開けてからの持ちが良い。数日間は平気です。

愛らしい味わい
ピノ・ノワールの王道

〈No.6〉

メゾン・ジョゼフ・ドルーアン
ラフォーレ　ブルゴーニュ
ピノ・ノワール　2018

Maison Joseph Drouhin Laforet Bourgogne
Pinot Noir 2018

産地	フランス　ブルゴーニュ
ブドウ品種	ピノ・ノワール
希望小売価格	2230円
輸入元	三国ワイン　TEL 03-5542-3941

ネゴシアンはメゾンとも呼ばれます。ブルゴーニュの手堅いメゾンを5つ挙げると、ルイ・ジャド、ジョゼフ・ドルーアン、フェヴレ、ブシャール・ペール・エ・フィス、ルイ・ラトゥールとなります。ドルーアンは19世紀末に創業し、現在は4代目の4人兄弟が栽培、醸造、販売などを手分けして経営しています。1980年代から有機栽培に取り組んでいます。栽培面積が広いので、有機栽培は大変ですが、環境とワインの品質向上のために踏み切ったのです。

　ワイン業界はまだ男社会ですが、ここは先代から現在まで醸造責任者は女性です。そのせいでもないでしょうが、質感が柔らかく、優雅な味わい。しばしば「エレガント」と評されます。抽出を強めると濃厚にはなるが、上品さや繊細さが失われる。そのバランスがとれています。淡いルビーの色調、スミレやラズベリー、シソのフレッシュな香り。生き生きとしていて、愛らしい味わいです。地味に感じるかもしれませんが、これがピノ・ノワールの王道です。

ヌーヴォーと違う滋味豊かなガメイ

〈No.7〉

ポテル・アヴィロン　コトー・ブルギニヨン・ルージュ　2016

Potel Aviron Coteaux Bourguignons Rouge 2016

産地	フランス　ボジョレー
ブドウ品種	ガメイ
希望小売価格	2000円
輸入元	豊通食料　TEL 03-4306-8539

ボジョレーというとヌーヴォーを思い浮かべる方は、これを飲むとイメージが変わるでしょう。ヌーヴォーはマセラシオン・カルボニックという手法で、タンニンを強く抽出せずに、フルーティで柔らかい風味に仕立てます。これは普通のピノ・ノワールと同様に、ブドウを破砕してもろみを発酵させます。ジューシーだけど、骨組みのあるワインが生まれます。農業学校で同級生だったニコラ・ポテルとステファン・アヴィロンが手を組んで造っています。2人とも偉大な父の下で育った2世の醸造家です。

明るいルビー色、スミレ、ラズベリー。軽やかですが、ほのかなうまみとほろ苦みがあり、複雑な味わいです。ジューシーで、ヌーヴォーにはないコクと奥行きがあります。ガメイは熟成すると、ピノ・ノワールのように複雑な香りに進化します。アヴィロンが長年、付き合ってきた栽培農家からブドウを買い付けて、ポテルがち密に醸造しています。余韻に滋味が反響するうまみ豊かなワインです。

日本で詰めて高コスパ 南仏のピノ・ノワール

〈No.8〉

ミレジム　ピノ・ノワール　2017

Millesimes Pinot Noir 2017

産地	フランス　ラングドック
ブドウ品種	ピノ・ノワール
希望小売価格	1300円
輸入元	ミレジム　TEL 03-3233-3801

ピノ・ノワールは魅力的なブドウ品種ですが、育てるのが簡単ではなく、値段が高いのが玉に瑕《きず》。ブルゴーニュでは2000円は払わないと、まともなものはありません。フランス国内で、お買い得なピノ・ノワールが見つかるのは南フランスです。地中海性気候で暖かく、雨が少ない。地価も人件費も安い。知られざる栽培農家から良質なワインを調達できます。輸入業者の名前をつけたこのワイン。大容量のコンテナで輸入し、国内のワイナリーで最後の仕上げをしました。コストをカットして値段を抑えています。

ラベンダー、野いちご、ジンジャー、温かい果実味があり、優しい味わいです。スモーキーな風味があり、適度な果実味と心地よい酸味があります。南仏の太陽を感じさせるブラック・ラズベリーや地中海のハーブの香りも。素朴ですが、とりあえずピノ・ノワールを知りたいという方の入門用にはいいでしょう。スクリューキャップで扱いも楽。時間をかけて飲んで、香りが開くのを待ちましょう。

ステップ

2

★★

初心者のために

品種を知り産地の特色をつかむ

ブドウ樹は植物のカナリア 気温に敏感で、土壌に左右される

ステップ1を終えて、少しはワインへの怖れや遠慮が取り払われましたか。気楽に行こうよ、テイク・イット・イージーです。

ステップ2では、実際に飲みながら、ワインと親しくなりましょう。人生は財布にも、時間にも限りがあります。フランスのボルドーとブルゴーニュを出発点に、世界のワイン産地に範囲を広げます。

ステップ1で、ワインには白、赤、ロゼ、発泡性の4種類があると言いました。白、ロゼ、発泡性には辛口と甘口があります。発酵中に糖分のほとんどが、アルコールと二酸化炭素に転換されたのが辛口。酵母が糖分を食い切らずに残ると、甘口となります。

それでは、なぜ4つのタイプがあるのでしょう?

産地によって、最適なブドウ品種と造り方が違うからです。果物はみなそうです。寒い土地にはリンゴが適していて、常夏《とこなつ》の産地はマンゴーやパイナップルがとれる。

ブドウは十分な日照、温暖な気候、少ない雨を好みます。日照がないとブドウが熟しま

せん。太陽がよく当たるとブドウは糖を蓄え、その糖分を発酵させてワインができます。ブドウを原料にワインを造るのは糖度が高くなるから。桃やイチゴでは無理です。

暖かさも大切です。ブドウ樹は植物のカナリアと言われます。気温に敏感。10度を越さないと発芽せず、20度を超さないと実が熟さない。ただ、これも程度問題。ハワイのように暑くても、ロシアのように寒くてもダメ。年間平均が10度から20度が望ましい。

雨が多いと病気になり、腐敗します。乾燥してストレスがあるくらいの方がいい。雨が降らなければ、ブドウの根は地下水を探して地中深くに伸びる。そうして、様々な栄養分を吸い上げる。理想の降水量は年間500から800ミリ。台風が来ると、1日に100ミリも降る日本は、湿度が悩みのタネです。

これらの条件を合わせると、北半球はヨーロッパの全域と中東、アメリカはアラスカとハワイを除く全土でブドウが栽培できる。アジアは日本のほか、中国、インド、タイも含まれます。南半球では、オーストラリアとニュージーランド。南米はチリとアルゼンチンが有名ですが、ブラジルやウルグアイも成長中。南アフリカも見逃せません。

ブドウの品種は産地で変わります。涼しい土地は気温や太陽の恵みが少ないので、糖度が上がりにくい。酸のきりっとした白ワインや発泡性ワインに向いている。暖かい土地はブドウが熟してよく色づく。果皮ごと仕込んで、色の濃い赤ワインが多く造られます。

ワインは場所の産物 品種を軸に産地をつかむ

ブドウはどこでも育つ。農民は長年の経験に基づいて、日当たりや土壌を考えながら、土地に適したブドウ品種を植えてきました。病気に強く、安定した量がとれるのが第一条件です。そうして、ブドウ品種が絞りこまれ、いくつかの有名な産地が生まれました。

ワインは場所の産物です。土地に根付き、そこでとれる野菜や肉、魚の料理とともに飲まれてきました。造り手がいて、政治家や文化人が愛好し、独自の文化が発展してきた。世界中にそんな場所が限りなくあるものだから、一筋縄ではいきません。

ラーメンだって、東京と博多と北海道では、スープに使う素材も、麺の太さも、上に載せる具も違うでしょう。それは土地の風土や食文化と結びついているから。典型的なラーメンをいくつか食べると、ほかの土地のラーメンの成り立ちも見えてくる。

ワインの世界で、1つの典型がボルドーとブルゴーニュなのです。両方の産地で、どんな品種を使って、どういうタイプのワインを造っているのか。基本的な成り立ちを理解すれば、その方式を武器に、ほかの産地も理解できるようになります。

まずはボルドー地方から。フランスの西部にあり、大西洋に面しています。何と言っても赤ワインが有名。カベルネ・ソーヴィニヨンとメルロという品種がメインで、ほかの品種もブレンドして造られます。いかり肩の瓶でお馴染みです。

ボルドーは、赤ワインだけでなく、白ワインも人気です。メインはソーヴィニヨン・ブランとセミヨン。フランス料理はしつこいソースと肉のイメージですが、近年は健康志向が高まり、料理も軽く、健康的になってきました。白ワインを造る生産者が増えています。ワインは飲み手の要望によって変化する。まさしく場所の文化なのです。

ブルゴーニュは大陸のほぼ真ん中。白はシャルドネ、赤はピノ・ノワールが主体。産地が北に行くほど単一品種で仕込み、南に下るほどブレンドする傾向にあります。

実はどちらも雨が多く、温暖とは言い難い。収穫期の雨にも悩まされます。ヴィンテージの良し悪しを言うのも、年によって作柄が異なるからです。でも、いいワインというのは、困難な土地で造り手が努力するところに生まれるものなのです。

ここで挙げた6品種は国際品種と呼ばれます。各国で栽培されている、いわば国際標準です。品種を軸に産地の特色を理解しながら、守備範囲を広げましょう。面倒くさそうだと感じたら、すっ飛ばして、後から戻っても大丈夫。試験勉強ではないのですから。

ステップごとに紹介しているワインを飲んで、本書の説明を読み返す。これを繰り返して、個性を何となくつかんでください。酸味が強い、骨格がたくましいとか、1つでもつかまえられれば大したもの。すこしずつ視界が開けていきますから。

ボルドーは基本の基
タンニンのカベルネ・ソーヴィニヨンとしなやかなメルロ

ボルドーはワインの基本の基です。

北米やオセアニアの新興産地はもちろん、イタリアのような伝統国でも、ボルドー品種を使ったワインが造られています。赤ワインの主要品種カベルネ・ソーヴィニヨンとメルロの性格を知るのが、ワインの世界にわけ入る入り口となります。

ボルドーで造られるワインの約9割が赤ワインです。骨組みのしっかりした重厚な味わい。土台となっているのがカベルネ・ソーヴィニヨンです。小粒で、青黒く、皮が厚く、種は大きめ。タンニンの渋みは果皮と種に含まれる。濃い色調は果皮から生まれます。カベルネはブドウの粒が小さいので、果皮と種の割合が高く、赤紫色のタンニン豊かなワインになります。黒スグリなど黒系果実や甘草の香りです。

カベルネだけだと、重くなりすぎるので、なめらかなメルロや香り高いカベルネ・フランをブレンドします。メルロはプラムやチェリーの香り、タンニンは丸みがあり、質感は柔らかい。カベルネ・フランもタンニンは軽く、スミレやブルーベリーの優しい香り。年によってブドウの出来も異なるので、これら3種のブドウを混ぜて、思い通りの味わいに仕上げる。ボルドーの妙味はブレンドの技にあるのです。

左岸はカベルネ・ソーヴィニヨン 右岸はメルロ

ブドウの品種は気候だけでなく、土壌の好みも違います。カベルネ・ソーヴィニヨンは砂利の多い、水はけのよい土壌が好き。メルロは水分を保つ粘土土壌を好みます。ボルドーのブドウ栽培面積は11万4000ヘクタール以上。何と東京都の面積のほぼ半分にブドウが植えられています。土壌も多彩です。

ボルドーには大きな川が流れています。南東部に源を発するガロンヌ川とドルドーニュ川が合流して、ジロンド川となり、大西洋に注ぎます。フランスでは川から海を見て左側を左岸、右側を右岸といいます。

左岸の中心がメドック地区。世界中の生産者があこがれる銘醸《めいじょう》ワインが生まれます。川上から流れてきた砂利が堆積して、水はけがよい。主役はもちろんカベルネ・ソーヴィニヨン。ポイヤックやマルゴーが有名です。これに対して、右岸は粘土質が強い。メルロの出番です。サンテミリオンとポムロールが代表です。

左岸のワインはがっしりとした筋骨隆々タイプ。時間をかけて、まろやかになり、香りが複雑になる。右岸のワインは華やかでしなやか。早くから楽しめます。性別で分けるなら、左岸が男性、右岸が女性のイメージでしょうか。両方とも、時間をかけて熟成させると、ニュアンスに富む精妙な風味に発展します。

ボルドーを有名にしたのはメドック地区の格付けです。61のシャトーが1級から5級までに格付けされました（70ページコラム参照）。レストランも、パン屋も、何でも格付けするのが好きなのがフランス人です。外交の宴席でも、賓客の格に合わせて格付けワインが供されたため、世界に広がりました。

ボルドーの白 活力あるソーヴィニヨン・ブランと厚みあるセミヨン

赤ワイン王国のボルドーでは、良質の白ワインも生産されています。１９５６年の霜害で植え替える前、生産量の3割が白ワインでした。その後、植え替えが進んだものの、健康志向で料理が軽くなり、白ワインが盛り返しています。

白ワインの基本となるのはソーヴィニヨン・ブランとセミヨン。そこに、ミュスカデルをほんの少しブレンドします。この2品種も世界の各地に植えられています。

ソーヴィニヨン・ブランを一言で言えばさわやか。生き生きした酸に支えられて、洋ナシや柑橘《かんきつ》の香りが弾ける。セミヨンはまろやか、厚みがあり、アンズや蜂蜜の香り。ボルドーの白には辛口と甘口があります。辛口はソーヴィニヨン・ブラン主体で、フレッシュな風味です。辛口の白は赤と同様に、各国で造られています。

甘口はセミヨン中心です。ボトリティス・シネレアというカビ菌がブドウにつくと、水分が蒸発し、糖分が凝縮されて、干しブドウのようになります。そのブドウを搾ると、蜂蜜のような甘口ワインができます。そうしたワインを貴腐《きふ》ワインといいます。トロリとした口当たりで甘露の味わい。最高峰のシャトー・ディケムは、1本のブドウ樹からグラス1杯分のワインしか造れない。凝縮された、1世紀以上も永らえるワインです。

辛口の白はメドックやボルドー市街に近いペサック・レオニャン地区で生産されています。メドック格付けシャトーの造る白は、安定した品質で、赤ほど値段も高くない。ガロンヌ川とドルドーニュ川にはさまれたアントル・ドゥ・メールでも、軽量級の愛すべきワインが造られています。

イケムなど貴腐ワインの中心産地は、左岸のソーテルヌ・バルサック地区です。ガロンヌ川沿いのペサック・レオニャンからさらに上流にあります。シロン川という小川から生じる霧が貴腐菌をもたらします。

品質で値段が上下する F1並みに激しい品質競争

ボルドーの生産者はシャトーと呼ばれる施設で、付属する広大な畑から摘んだブドウを醸造して、ワインに仕立てます。それを売るのはネゴシアン（ワイン商）の仕事。ワイン貿易を世界に広めたイギリスから、高価なワインを買い漁《あさ》る中国まで、世界の市場に売り込みます。

ボルドーは開かれた自由市場です。ほかの産地では、生産者が各国の輸入業者と代理店の契約を結んで販売するのが普通。造る側も、売る側も安心です。ボルドーの価格は、需要と供給で上下する。評論家の得点が高ければ、値上がりする。いくら有名でも得点が低いと値段は下がる。だから品質競争が激しい。

ボルドー地方

シャトー・ラグランジュは、サントリーが１９８３年に購入したサン・ジュリアンの格付け３級のシャトーです。当時の品質は地に落ちていたものの、40年近くかけて、お金を注ぎ込み、畑を改良し、醸造設備を刷新してきた。今では格付け２級に迫る品質です。

トップシャトーの品質競争はコンマ以下のタイムを争うＦ１レース並みです。技術革新は世界の先端を走っている。だから、ボルドーから始めるのがいいのです。

コラム

ボルドーの格付けを決めたのはだれ？

ナポレオン3世です。1855年のパリ万博の目玉として、ボルドー商工会議所に作らせました。クルティエと呼ばれる仲買人が、取引価格に基づいて、定めました。

1級シャトーは、ポイヤックのラフィット・ロートシルト、ラトゥール、マルゴーのシャトー・マルゴー、ペサック・レオニャンのオー・ブリオンの4つでした。格付けが変更になった稀有な例がシャトー・ムートン・ロートシルト。オーナーが政治的に働きかけ、1973年、2級から1級に昇格しました。

19世紀は栽培や醸造の技術が発達していないので、畑の潜在力を表しています。市街地のオー・ブリオンを除く1級シャトーは、ジロンド川に沿い水はけのよい土壌です。

それから努力して、当時の格付け以上の品質になったシャトーもあります。「スーパーセカンド」と呼ばれます。2級のコス・デストゥルネル、モンローズ、ピション・ラランド、3級のパルメ、5級のポンテ・カネなどは1級に迫る品質です。

市場での取引価格は、この格付けよりも、評論家の得点で決まります。いまどきの言葉で言えば成果主義。努力すれば報われるが、怠ると値段が下がる。オーナーに求められるのは情熱と資本力です。

気候を映す素直なシャルドネ

カベルネ・ソーヴィニヨンが赤の王様なら、白の女王はシャルドネです。シャルドネを栽培していないワイン生産国は皆無に近い。原産地はブルゴーニュ地方。世界がお手本にして、ブルゴーニュのように優雅なシャルドネを造ろうとしています。

病気に強く、どんな気候の土地でも育てやすい。素直な性格で、強いクセがない。気候や地形、醸造法をそのまま表現する。ニュートラル品種と呼ばれます。

ブドウは気温に敏感ですが、シャルドネはまさにそれが当てはまります。涼しい土地では、糖度が控えめ、酸味が強く、シャープな味わい。暖かい土地では、豊満で、果実味がたっぷり。樽で熟成するとまろやかな風味がつき、ステンレスタンクだとほっそりした味わいになる。

ブルゴーニュを例にとると、北部のシャブリは涼しいので、シャープな酸があり、レモンや柑橘類の香るすっきりした味わい。南部のマコネだと、ふっくらした味わいで、パイナップルの香りが加わる。これが陽光あふれるカリフォルニアだと、樽がきいて、バターやメロン、マンゴーの香りです。

ワインには産地の気候や地勢が表れる。これを「テロワールを映《うつ》す」といいます。フランスにしかない概念です。あえて訳すと「風土《ふうど》」でしょうか。地勢、気候、土壌など、ブドウに影響を与えるあらゆる要素を含んでいます。ブドウを育てるのは栽培家なので、人間までも含んでいる。このあたりは少しむずかしいので、おいおい説明します。

テロワールにこだわるブルゴーニュ

ブルゴーニュは、このテロワールの違いにこだわる産地です。

単一品種だから、味わいの違いが明確にわかる。同じ斜面でも、表土が薄く涼しい上の方は引き締まった味わいになり、反対の下の平地はおおらかな味わいになる。同じ村の100メートルしか離れていない畑で風味が異なる。そこが面白さでもあります。

北はシャブリから、南はボジョレーまで南北300キロに伸びています。内陸部で涼しく、雨が多い。雹《ひょう》や霜の心配もある。近年は温暖化が激しいけれど、熟度が足りない年もある。それでも、日照に恵まれると、心躍るワインが生まれるマジカルな産地です。

だから病みつきになる人が多いのです。日本人はブルゴーニュが大好き。アメリカとイギリスに次ぐ世界3番目の輸出市場です。ボルドーほど強くない。純粋な果実味とうまみ、繊細な香りがある。そこに惹《ひ》かれるのでしょう。和食との相性も悪くありません。

ワインの銘醸地はどこの国も宗教と結びついています。ブルゴーニュは修道士たちが畑を切り開き、恵まれた場所にブドウを植え付けてきた。いいブドウのとれる畑から造るワインは、法王や権力者に献上されました。

そうした積み重ねの上に、ブルゴーニュでも格付けができました。ボルドーではシャトーが格付けされたのに対して、ブルゴーニュでは畑が格付けされています。最良の畑を特級（グランクリュ）、その下を1級（プルミエクリュ）、村名（ヴィラージュ）、広域名（レジョナル）という風に、ピラミッド状の階層になっています。

上に行くにしたがって面積は狭くなり、畑の個性が明確になる。これは世界のどこにも共通する原則です。

ブルゴーニュのシャルドネのグランクリュで抜きん出ているのは、モンラッシェとコルトン・シャルルマーニュ。『三銃士』の小説家アレクサンドル・デュマは、モンラッシェを「脱帽し、ひざまずいて飲むべし」と評しました。白ワインの最高峰です。

ピノ・ノワールは香り美人

ワイン愛好家を大別すると、ボルドー好きとブルゴーニュ好きに分かれます。ボルドーが味わいのワインとすれば、ブルゴーニュは香りのワインです。日本の愛好家の大半はブルゴーニュファン。畑や生産者が入り組んでいて、マニア心をそそるところも、勉強熱心な日本人に向いているようです。

シャルドネはどこの土地でも成功しますが、ピノ・ノワールはそうはいかない。ブルゴーニュをしのぐ産地はありません。カリフォルニア、オレゴン、ニュージーランド、オーストラリア、南アフリカ……新世界にもいいワインが登場していますが、追い越すまではいかない。ブルゴーニュの魅力にノックアウトされ、追いつこうと頑張っているワイナリーばかりです。

ピノ・ノワールもまた土地の個性を純粋に表現します。でも、シャルドネのような八方美人ではない。果皮が薄いので、病気になりやすい。シャルドネには温度が必要ですが、ピノ・ノワールは太陽を必要とする。暑さは苦手。気難しいブドウですが、ツボにはまると香り高く、気品に満ちています。

香りはラズベリー、ストロベリー、野いちごなどの赤系果実、可憐なスミレやミントも加わります。絹のような質感で、生き生きした酸、ダシ的なうまみや塩気を帯びた味わいです。ボルドー同様に熟成し、森の下草やスパイス、なめし革の香りに発展します。

ブルゴーニュの聖地コート・ドール

ピノ・ノワールとシャルドネの聖地がコート・ドール（黄金丘陵）です。南北50キロに延び、北側をコート・ド・ニュイ地区、南側をコート・ド・ボーヌ地区と呼びます。世界中の愛好家が探し求めるワインが集中しています。

コート・ド・ニュイには、ナポレオンが愛した「王のワイン」シャンベルタン、世界で最も高価なロマネ・コンティ、優雅な品格を備えるミュジニーなど、銘醸ワインを生む特級畑が連なります。大半が赤ワインです。コート・ド・ボーヌは上質な赤とともに、偉大な白ワインの産地。白ワインの頂点に立つ特級のモンラッシェがあります。

コート・ドールを南下すると、コート・シャロネーズ、マコネときて、ヌーヴォーでおなじみのボジョレー地区です。次第に暖かくなり、ブドウがよく熟す。コート・ドールのワインは値上がりしましたが、南部はお買い得なワインが眠っています。

ブルゴーニュには先祖から受け継いだ畑でブドウを栽培する小さな農家がたくさんある。自らワインを仕込んで、瓶詰めする農家がドメーヌ。農家から買うブドウでワインを造る業者をネゴシアンといいます。ドメーヌの方が職人のイメージがありますが、優れたネゴシアンのワインは品質も値段も安定しています。

手造りのケーキ屋さんと洋菓子メーカーみたいな違いです。手造りの方が個性的だけど、常においしいとは限らない。メーカーのケーキはワクワク感に欠けるけれど、欠点はありません。値段はネゴシアンの方が控えめ。日本人はドメーヌびいきですが、両方とも違う魅力を持っています。

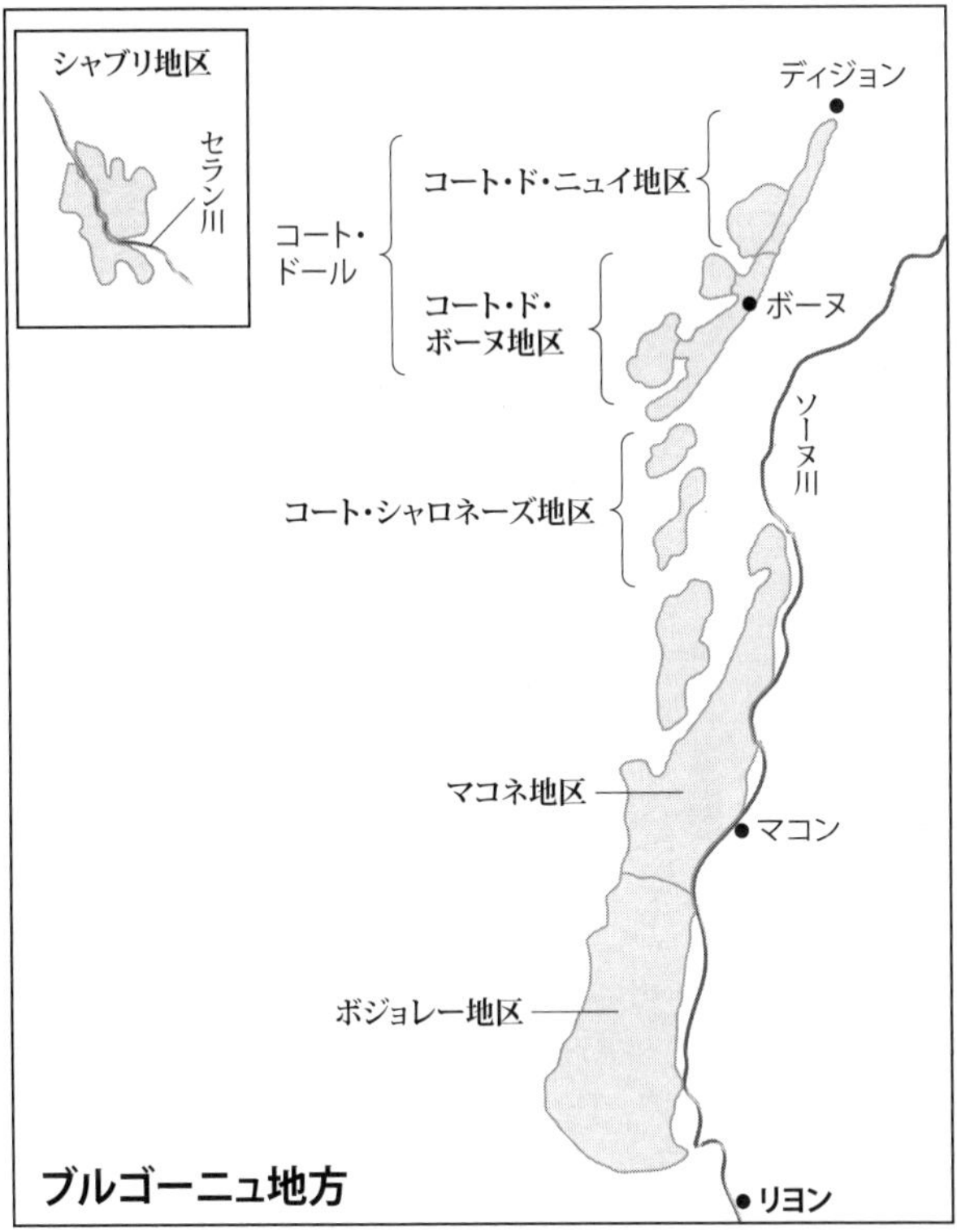
シャブリ地区
セラン川
ディジョン
コート・ド・ニュイ地区
コート・
ドール
コート・ド・
ボーヌ地区
ボーヌ
ソーヌ川
コート・シャロネーズ地区
マコネ地区
マコン
ボジョレー地区
ブルゴーニュ地方
リヨン

コラム

フランスでよく聞くアペラシオンとは何ですか？

フランスワインを知る上で避けて通れないのが、〝アペラシオン〟です。「アペラシオン・ドリジーヌ・コントローレ」（AOC）という制度があって、原産地統制呼称と訳されています。アペラシオンごとに、品種、栽培、醸造法などが定められています。

よその土地のブドウを混ぜて、劣悪なワインを造るのを禁じるために生まれました。フランスの農産物の品質の高さは、こうした厳格な制度で守られています。

アペラシオンとコントローレの間に産地名が入ります。「アペラシオン・ボルドー・コントローレ」とあれば、ボルドー全域のブドウから造られています。「アペラシオン・メドック・コントローレ」とあれば、ボルドー地方メドック地区のブドウ、「アペラシオン・マルゴー・コントローレ」とあれば、メドックよりさらに狭いマルゴーなど5つの村のブドウを使って造られたワインです。

産地が狭くなるほど、土地の個性を表現し、品質は高くなる。値段も当然高くなる。大分のあじより関あじ、神戸牛より但馬牛のように、産地が限定されるほど「ブランド」価値が高まり、高価になるのと同じ仕組みです。

ブルゴーニュの場合は、1級、特級と階段を上がるごとに、畑の場所が狭まります。ア

アペラシオン別生産量

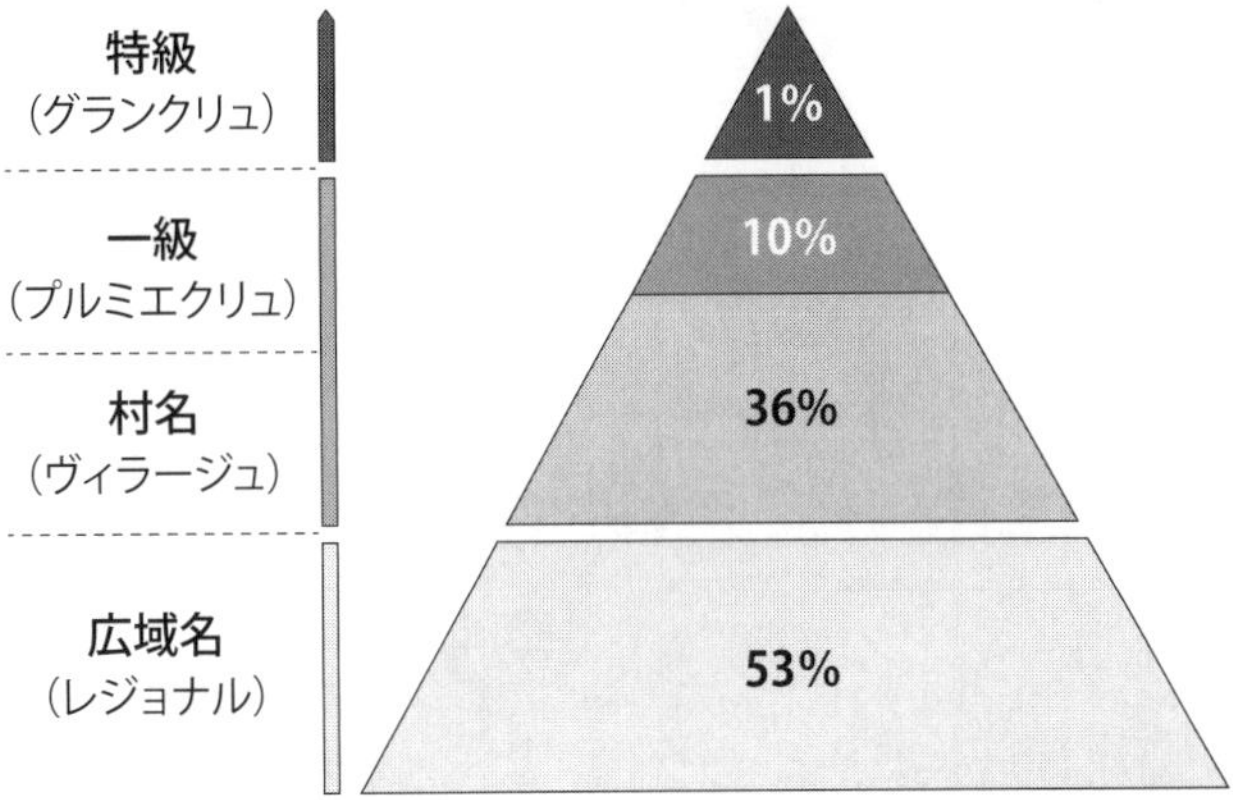

原典：ブルゴーニュワイン委員会

ペラシオンの上位に行くほど、ブドウの植え方、面積当たりの収量、最低限のアルコール度数などの規則が厳しくなります。その結果、ワインの品質は上がります。

生産者はその決まりの中で苦労し、難しい作柄の年には、ワインを格下げすることもあります。自らの矜持と熱い情熱を保って、品質競争を続ける。それがフランスワインが高い品質を保ってきた理由です。

有名なアペラシオン名は何度も飲めば自然と頭に入る。気長に慣れていきましょう。

気持ちが上がるお祝いの酒 シャンパン

ボルドー、ブルゴーニュ、シャンパーニュを、フランスの三大産地といいます。この中で、どんなブランドを飲んでも外れがないのがシャンパンです。造り方の決まりが厳しいからです。

シャンパンはスパークリング（発泡性《はっぽうせい》）ワインの一つです。きめ細かな泡が心地よく、フルーティな香り、さわやかで、ミネラル感を帯びた複雑な味わいです。気持ちが高揚し、世間が明るく見える。飲めばグチのでなくなるお酒です。

簡単に造り方を説明しましょう。

使える品種は、シャルドネ、ピノ・ノワールとムニエの3種。まず、品種や畑別に分けてワインを造る。年があけたら、仕込んだ多くのワインをブレンドして、好みの味わいに仕上げる。そのワインを瓶に詰めて、酵母と糖分を加えて栓をする。瓶内で発酵して、二酸化炭素とアルコールが生まれます。二酸化炭素は逃げ場がないので、炭酸ガスとなって溶け込む。このガスがシュワシュワした泡の正体です。

なぜこんな面倒な造り方をするのか?

シャンパーニュ地方が涼しすぎるからです。樺太と同じくらい北にある。ブドウが毎年、熟すとは限らない。畑によっても差が大きい。異なる収穫年や品種、畑を混ぜることでバランスをとるのです。酸が高めだから、発泡させるとあんばいがいい。アルコール度の高いスパークリングは重くて飲めません。

シャンパンの8割は「ノン・ヴィンテージ」(NV)です。収穫年(ヴィンテージ)は表示していません。これは複数のヴィンテージをブレンドして、バランスをとっているからです。ブドウがよく熟した年のワインをとっておき、ブレンドするのです。

実はシャンパンは偶然の産物です。その昔、寒い年に発酵が途中で止まり、春になると、酵母が活動を再開して発酵が始まった。瓶や樽に詰めたワインを注ぐと、泡が勢いよく吹き出した。人気が爆発。意図的にこれを造ろうとしたのがシャンパンの始まりです。

瓶内で2度目の発酵をさせるこの製法を、瓶内二次《びんないにじ》発酵方式《はっこうほうしき》と呼びます。ブドウを搾る量や、ワインを寝かせる熟成期間など細々とした決め事があり、それが品質の安定している理由です。お祝い事で飲まれるせいもあって、値段が高いのが玉にキズですが。

スパークリングワインの消費は世界で増加中

シャンパンは英国王室の結婚式や外交儀礼の晩さん会の乾杯には欠かせません。我々がよく見かける大手生産者はメゾン（ハウス）と呼ばれます。ボルドーのシャトーと同じく商売上手です。映画『007』やF1レースのシャンパン・ファイト、サッカーのワールドカップなど、スポーツイベントにも売り込んでいます。

シャンパンは贅沢なブランド品でもあります。ドン・ペリニヨンやクリュッグなどの有名シャンパンを傘下に収めるのは、ルイ・ヴィトンやブルガリも所有するLVMH（モエ・ヘネシー・ルイ・ヴィトン）グループです。

総師のベルナール・アルノーCEOは「20年後にiPhoneはなくなっているかもしれないが、ドン・ペリニヨンは飲まれている」という、ブランド品の価値を語る名言を残しています。

日本人も泡好きです。世界で3番目の輸出市場。ホストクラブやキャバクラなど夜の市場で、ドン・ペリニヨンなど高価なボトルがポンポン開けられています。でも、2020年は新型コロナウイルスが広がって、どこの国も祝杯をあげるどころではない。全世界への出荷量は2、3割減る見込みです。景気に左右されるお酒でもあります。

シャルドネだけで造るものをブラン・ド・ブランといいます。白ブドウで造る白という意味です。キレがあり、すっきり。黒ブドウのピノ・ノワールとムニエで造るとブラン・ド・ノワール。黒ブドウから造る白です。骨太で厚みがある。

最近はシャンパンの代わりになる「泡」も人気です。値段が安くて、シャンパンに匹敵するものも出てきました。フランス国内の「クレマン」というスパークリングもその一つ。ブルゴーニュやアルザスなど8つの産地で、瓶内二次発酵方式で造られています。

イタリアでも北部の涼しい州で、良質のスパークリングが造られています。ロンバルディアのフランチャコルタが有名です。カリフォルニアやイギリスでも造られている。スペインの星付きレストランの食前酒はみなカバです。瓶内二次発酵方式を用いて、じっくり熟成すると、複雑な味わいに仕上がります。

スパークリングの消費はこれまた、食のライト志向と相まって、世界で増加中。泡が脂を切るので、肉でも魚でも合わせられる。懐の深さと、アルコール度が低めで、酔い心地の軽いところが好まれています。

コラム

シャンパンの瓶内の気圧は？

シャンパンを買ってだれもが感じるのはその重さでしょう。1・7キロ前後。太くてガラスが厚い。内部のガス圧に耐えられるように頑丈な造りになっています。

瓶内の圧力は6気圧。水深50メートルの海底と同じなのだから驚きです。グラス1杯の中に200万個もの泡が含まれています。

ガス圧は瓶内二次発酵を始める前に加える糖分と酵母で調整します。1リットル当たり4グラムの糖分で1気圧のガスが生じる。20から24グラムの糖分を加えて6気圧にします。ブラン・ド・ブランはキンキンした風味を和らげるため、ガス圧が低めです。

糖分とガス圧の関係がわからなかった昔は、セラーで熟成中に瓶が割れたそうです。コルクが作業員の目に直撃して失明したなんてことも。シャンパンのコルクが針金で結わえてあるのは、ガス圧を封じ込めるため。開ける時は、用心して人に向けないように。

危ないのは夏場です。冷蔵庫から出したらすぐに栓を抜きましょう。テーブルの上にうっかり10分も放置すると、ガス圧が高まる。開ける時にコルクが吹き飛びます。私も何度か失敗しました。瓶を水平近くまで傾けて、首の部分に空間を作ると、スムーズに開けられます。ビールと同じ要領です。

陽光に恵まれ、おおらかで温かいローヌ

三大産地の次に名高いのがローヌ地方です。ブルゴーニュから南に下り、リヨンからローヌ川沿いに延びる地域です。陽光を浴びて、気候は温暖。急斜面のブドウ畑を見ながらドライブしていると、南フランスに来たという実感がわきます。

フランスの土地の大半は涼しくて、日照も多くない。バカンスのために働くフランス人は、夏になると南を目指します。ローヌはフランスの南と北を分かつ分岐点です。ヴァランスという街が北緯45度で、そこから南が南フランスとなります。

ローヌの産地も北と南に分かれます。涼しめのローヌ北部は黒ブドウのシラーと白ブドウのヴィオニエが重要な品種。シラーは濃厚で、黒コショウのようにスパイシーな風味、気品があります。ヴィオニエは豊満で、トロリしたコクがあり、アンズや桃の香るエキゾチックな味わい。シラーはコート・ロティとエルミタージュ、ヴィオニエはコンドリューが重要な産地です。

ローヌ南部の赤ワイン用品種はグルナッシュが代表選手。南のピノ・ノワールと呼ばれ

ますが、アルコール度は高い。黒系果実やクローブ（丁子《ちょうじ》）の甘やかな香り、ねっとりした味わいです。赤品種はムールヴェードルやサンソー、白品種はルーサンヌやマルサンヌもあります。ローマ法王がアヴィニヨンに置いた別荘にちなむシャトー・ヌフ・デュ・パープが有名です。13品種のブレンドが認められています。上品な北部と違って、人懐っこい素朴な味です。

ワインはテロワールの産物という話をしましたが、気候だけでなく、そこに暮らす人々の個性も表れます。ローヌまで下ると、英語は通じにくいが、農民たちは素朴で親しみやすい。ワインも切れ味や品格より、温かさやおおらかさをまとっています。

そう考えながら飲むと、ワインがぐっと身近になります。

「フランスの庭」ロワール 和食と合うすっきりした辛口

北に戻って、ロワールは再び涼しい産地です。フランスで最も長いロワール川の中流から下流にかけて、多彩なワインが造られています。ロワールは古城や庭園が点在する「フランスの庭」と呼ばれる田園地帯。パリからの日帰り観光客でにぎわっています。

おすすめしたいのは、すっきりした辛口の白。ソーヴィニヨン・ブランとシュナン・ブランがメインの品種です。

同じソーヴィニヨン・ブランでも、ボルドーは果実味が豊かで厚みがある。北にあるロワールは引き締まっています。青い芝や柑橘の香りがあり、すがすがしい。同じ品種でも味わいが違うのはテロワールのなせる技です。ロワール川の上流にあるサンセールやプイィ・フュメが代表格です。

シュナン・ブランは下流に行ったトゥーレーヌ地区で栽培されています。カリン、洋ナシの香り、酸味が際立っています。スパークリングや甘口にも仕立てられます。

トゥーレーヌ地区の中心の街トゥールからさらに下ったアンジュではカベルネ・フランの赤ワイン。シノンやブルグイユはスミレやキイチゴの香る、軽快なワインです。

大西洋に注ぐ河口のペイ・ナンテ地区は、ナントの周辺でミュスカデが造られています。潮の香りがするキリッとした辛口白ワインです。海風に吹かれて育つから、ブドウが塩気を帯びる。アルコール度は控えめで、ぐいぐい飲めてしまう。

パリのカフェで、砕いた氷の上に生牡蠣やエビを載せた「海の幸の盛り合わせ」に合わせる定番ワインです。細長い瓶に入っています。

ロワールの白ワインは、おおむね軽快な飲み口。青いハーブの香りがあり、山椒やユズを使う日本料理にもよく合います。お試しあれ。

長大な地域なので、ロワールの全容をつかむのは容易ではありません。代表的なワインだけを紹介しましたが、突き詰めるとかなり奥の深い産地です。値段がお手頃で、品質の高い生産者がゴロゴロいるので、パリの気の利いたカフェやレストランは分厚い品揃えです。

日本のレストランは、人気の高いブルゴーニュに力を入れていますが、ロワールを見落とすのはもったいない。冷涼感があり、日本の食卓でも使いでがある。ミュスカデやサンセールあたりから始めて、この地を探索してみてください。後悔させません。

コラム

ミネラル感とはなんですか？

カリフォルニアなど新世界の果実味豊かなワインに対する概念として１９８０年代以降に生まれました。近年は生産者や評論家によって多用されています。香りと味わい、質感などを合わせた、ワインから感じる感覚のことです。

香りでは火打ち石や擦ったマッチ、湿った土、鉱物、貝殻。味わいでは酸味、ほろ苦み、塩気、複雑なうまみ。質感では引き締まった感じ、微妙な酸化、石や金属をなめる感覚などの要素を含みます。これらの要素が微妙に感じられる複雑なワインの場合、ミネラル感があると表現されます。

冷涼な産地のシャブリ、シャンパーニュ、リースリングなどの白ワインが、ミネラル感を明確に感じとれる代表です。日照が豊かな産地の赤ワインからは感じにくい。

ヨーロッパの石灰岩質の土壌で産するワインに多いのですが、ブドウ樹が土中の岩や石から吸い上げているわけではありません。

土壌の窒素量と関連があり、やせた土地で栽培するブドウから生まれます。酵母から生まれる硫化物やコハク酸が重要な役割を果たしています。コハク酸は貝類に含まれるうま味成分の一種です。

気品ある深窓の令嬢 ドイツのリースリング

シャルドネをフランス代表とすれば、ドイツの代表はリースリングです。この2品種が白ワインの二大女王と言っていいでしょう。

いろいろな白ワインを飲んでも、最後はこの2つに戻ってきます。産地の風土を表す点は共通していますが、リースリングはシャルドネほど包容力がない。涼しい土地でないと、持ち味を発揮しません。

細身で、繊細、清涼感たっぷり。酸味が豊かで、柑橘類や青リンゴの香り。上品な甘みを、柔らかい酸味が包み込んでいる。「優雅」（エレガント）という、ワインでよく使われるほめ言葉が最もよく似合います。

ワインはよく女性にたとえられます。昔から男性の飲み手が多いせいでしょう。妄想かもしれませんが、リースリングは純白のワンピースを着た深窓《しんそう》の令嬢のイメージ。凜とした気品があります。

リースリングには甘口のイメージがあります。1980年代半ばまで、輸入ワインのナンバーワンはフランスを抑えてドイツでした。当時のイメージが残っているのですが、それはワインが食後酒だった時代の話。現在は食事に合わせやすい辛口も増えています。

ワインは太陽の子どもです。普通はアルコール度が高く、ヴォリューム感があるものがよしとされますが、ドイツのリースリングは例外です。10％前後ですが、バランスが素晴らしい。ブドウ栽培の北限にあって、緯度が高い。日光が低い角度から差し込むため、足がすくむような急斜面に畑を開き、少しでも日照を得ようとしている。気温は上がりませんが、日照時間は長い。

ブドウはゆっくりと熟し、複雑な香りや味わいをためこみます。ブドウの房が樹にぶら下がっている時間をハングタイムといいます。その時間が長いほど、ワインの香味は複雑になります。温暖な土地で一気に熟すと、単純な味わいになりがちです。

ドイツには13のワイン産地があります。なかなか覚えきれませんが、優れた産地はライン川とその支流に集まっています。

代表的な産地を挙げるなら、ラインガウとモーゼルです。ラインガウは川下り観光で有名なライン川沿いに広がり、優雅な中にも硬さを秘めています。モーゼル川沿いのモーゼルは甘酸っぱくて優しい味わいです。パンチや重さはありませんが、しみじみとおいしい。

滋味あふれるお吸い物のようなワインです。

4つの主要な品種を手がかりに選ぶアルザス

リースリングはドイツと国境を接するフランスのアルザスやオーストリアでも造られています。アルザスはフランスとドイツが長らく領有権を争ってきた土地。とんがり屋根の可愛らしい館が並び、フォアグラやお菓子が楽しめる美食の土地です。

主要品種はリースリングですが、ゲヴェルツトラミネール、ピノ・グリ、ミュスカを含めた4つを高貴品種と呼びます。フランスのワインは場所重視なので、村や畑の名前をラベルに示すけれど、アルザスはブドウの品種を書く。それで性格がつかみやすい。

ゲヴェルツトラミネールはわかりやすい。メイクの派手なモデルのようです。ライチやバラのエキゾチックな香りがして、豊かなコクがあります。

ピノ・グリはゲヴェルツトラミネールと似ていますが、酸味がやや穏やか。アンズや洋ナシの香りがして、口中で広がるヴォリューム感があります。

ミュスカは生食用のマスカットと同じ。桃や洋ナシの香り。酸度もアルコール度も控えめです。

アルザスは北の産地ですが、アルコール度は全般に高めです。南北に走るブドウ畑の西側に走るヴォージュ山脈が雨雲をさえぎり、雨が少ない。日照時間は長く、川面の照り返しを受けて、ブドウの糖度が上がります。

ヒューゲル、トリンバック、ジョスメイヤーなどの大手メゾンから始めれば、間違いありません。

リースリングを試して、同じ生産者のほかの品種に広げていくといいでしょう。中華料理やエスニック料理によくあいます。

ドイツもアルザスのリースリングも、細長い瓶に詰められています。

コラム

ドイツはブドウの糖度で格付け

ドイツワインを買う時の悩みは、ラベル表示がわかりにくいこと。ドイツ語はただでさえ読めないのに、小さな文字で情報満載。大半を占める上質ワインを例に説明します。

上質ワインはラインガウ、モーゼル、プファルツ、バーデン、フランケンなど13の産地で収穫されたブドウを使う。「QbA」（クー・ベー・アー、上質ワイン）と、その上の「プレディカーツヴァイン」（肩書付き上質ワイン）に分かれます。

プレディカーツヴァインは、ブドウの糖度によってさらに6つの肩書に分かれる。寒い土地なので、糖度が上がるほど格が高いというのが基本的考え方。ヨーロッパの大半は、畑の場所に基づいて格付けしますが、糖度で格付けするドイツは、熟成年数で格付けするスペイン・リオハと並んで例外的な存在です。最も糖度が低いものを「カビネット」、その上を「シュペトレーゼ」といいます。普段の食事に合わせるなら、QbAとこのカビネットまで。軽やかで、酸と糖のバランスがとれている。シュペトレーゼより上は甘口です。「アウスレーゼ」「ベーレンアウスレーゼ」「トロッケンベーレンアウスレーゼ」「アイスヴァイン」は遅摘みや貴腐ブドウからできる甘露《かんろ》のような味わい。ワインを超えた飲み物です。特別な機会にとっておきましょう。

ワイン天国イタリア　ナンバーワンよりオンリーワン

イタリアはワイン天国です。

地中海の影響を受けて暖かく、太陽に恵まれている。苦労せずにブドウが熟す。北部のアルプスのふもとから、地中海最大の島シチリアまで、細長い国土のいたる所でブドウ畑を目にします。ワインは暮らしの一部です。

産地としての潜在力はフランスより高い。フランスのブドウ栽培は、ローマ帝国時代にローマ軍が伝え、マルセイユから北上したものです。歴史が長く、技術も確立している。そこが逆に良くなかった。気候に恵まれないフランスは、苦労して高品質のワインを造り、世界で評価されたのです。

イタリアは質より量に走り、1980年代から本腰を入れるようになりました。

後から出てくるバローロの代表的な造り手エリオ・アルターレの友人から、こんな話を聞きました。ワインの王とたたえられたバローロは70年代、評判がすっかり落ちていました。アルターレはブルゴーニュに視察に出かけました。

「（有名な造り手の）ルネ・アンジェルがポルシェに乗っているのに、オレたちはなぜフィアットしか乗れないんだ」

彼はワイン造りを改革し、バローロ復興の旗頭となりました。

品質を上げれば世界市場で勝負でき、値段も上がっていく。世界各地で固有品種が見直される中で、産地に根付いた土着品種を伝統的な手法で仕込むイタリア各地の独自の味わいが評価されています。

ナンバーワンよりオンリーワン。

車やファッション、アートでも、自己主張の強いイタリア人らしいですね。

山があり、海に囲まれ、島もある。品種もバラバラ。イタリアワインはオモチャ箱のようにとっちらかっています。イタリアワインに強いソムリエの知識の深さは、フランス専門家の比ではない。だから面白いのだけれど、どこから手をつけたらいいものやら。

ひとまず、幹線道路に当たる2つの主要な産地と品種に絞ります。フィレンツェを州都とする中部のトスカーナ州と、ミラノの西南にあるピエモンテ州です。

開放的なサンジョヴェーゼとスマートなネッビオーロ

トスカーナ人が誇りにするのは、サンジョヴェーゼ種です。造り手たちはみな、サンジョヴェーゼへの愛情と情熱を熱く語ります。映画『ローマの休日』に登場した藁苞《わらづと》のキャンティにも使われています。

ピノ・ノワールに似て、ちょっと神経質です。酸味が強く、しっかりしたタンニン、レッドチェリーやタバコの香り。親しみやすい味わいですが、ピノ・ノワールより安い。日本人の好きなパスタやピザにこれほど合うワインはありません。

キャンティはフィレンツェ近郊の丘陵地帯から生まれる。昔からキャンティを造っている地区はキャンティ・クラッシコを名乗ります。近くのブルネッロ・ディ・モンタルチーノは、それよりちょっと上等な赤です。

キャンティが不調だった1970年代、ボルドー品種のカベルネ・ソーヴィニヨンやメルロから造る「スーパータスカン」が生まれました。いかにも自由なイタリア人らしい発想です。冷涼なキャンティ地区から離れた海沿いのボルゲリから、現代的な味わいのサッシカイアやオルネッライアが人気を集めています。

ピエモンテを代表する品種がネッビオーロ。色が濃く、タンニンが豊かで、骨組みがしっかりしている。熟成させて、こなれたところで飲みます。ピエモンテとは「山のふもと」の意味。ネッビオーロはアルプスおろしの涼しい風が吹く丘陵で栽培されます。厳格で緊張感がある。バローロとバルバレスコが有名なワインです。

イタリアの北部は工業地帯で、中部から南部は農業が盛ん。北の人々は知的でスマート、南の人々は陽気で開放的。ここでもワインには人々の気性が表れます。

統一性がないから面白いイタリア。畑のある場所で「山のワイン」と「海のワイン」に分けられます。山や丘で産するワインは肉に合い、海の近くで造られるワインは魚介に合います。サンジョヴェーゼもネッビオーロも山のワインなのに、不思議と魚介料理とも相性がよい。ほかの地方にも面白いワインが山積み。地図を見て、産地の場所をつかんでください。

コラム

ワインの発祥の地はどこ?

ワイン発祥の地ジョージアは、コーカサス山脈のふもとに広がっています。東西文化の交差点です。北にはロシアがあり、南はトルコ、東はアゼルバイジャンに接しています。

ジョージア国立博物館に、紀元前6000年に発酵に使った甕《かめ》が、展示されています。クヴェヴリと呼ばれるこの甕が、ワイン造りの歴史を証明する器具なのです。

昔はブドウを破砕して、甕に入れ、果皮や種とともに発酵させました。この伝統的な醸造法を、ジョージア政府は文化遺産として世界に広めています。ワイン公社のスタッフの名刺には「8000ヴィンテージ」のロゴが入っている。覚えやすいPRです。

国立博物館が所蔵する8000年前のクヴェヴリ(甕)

甕に入れたら後はブドウ任せ。この原始的なやり方が、1990年代に入って見直されました。イタリア北部の生産者たちが、アンフォラという似た容器を使って、白ワイン造りを始めたのです。白ワインは通常、白ブドウから搾った果汁を発酵させますが、彼らは果皮を果汁に漬け込みます。

その結果、タンニンを多めに含む、琥珀《こはく》色のワインが出来上がりました。「オレンジワイン」と呼ばれます。渋みがあり、紅茶やオレンジの皮の香りがする。このワインは今、世界各地で造られています。

オレンジワインは白ブドウから造られるのに、生き生きした酸とタンニンから来るほろ苦さ、うまみが調和した不思議な味わいです。白ワイン、赤ワインと飲み進めた後に、何か飲みたいという時に最適です。肉にも合わせられる骨組みもあります。

白ワインは、タンニンやくすんだ色調を排除するため、様々な手法を用いて、ワインを磨いてきました。その歴史を考えれば、オレンジワインは後戻りです。

技術が進んだ果てに原点回帰する。〝バック・トゥ・ザ・フューチャー〟なのです。

コラム

オーガニックやサステイナブル農法ワインはなぜ人気なのですか？

2度の大戦と不況で疲れたヨーロッパのワイン産地は、効率を優先して、除草剤、化学肥料、殺虫剤などを多用するようになりました。フランスでは1950年代に農薬が普及し、国も質より量を求める政策をとった。土壌の活力が失われたことに気づいた農家は、1990年代以降に有機栽培に転換を始めました。ブルゴーニュがその先駆です。

有機栽培に関連して、4つのジャンルがあります。まずはそこから。

有機栽培は農薬を使わない。「ビオロジック」や「オーガニック」と呼ばれます。野菜や果物にもあるからわかりやすいでしょう。各国に認証団体がある。ヨーロッパでは「エコセール」「ユーロ・リーフ」「アグリキュルチュール・ビオロジック（AB）」などが有名です。

ビオロジックをさらに進めたのが「ビオディナミ」（バイオダイナミックス）です。オーストリアの哲学者ルドルフ・シュタイナーの思想に基づいて、天体の運行を考慮して栽培します。地球と天体の位置を記したカレンダーに基づいて栽培作業を行います。牛糞や植物を使った「調剤」（プレパラシオン）も散布。「デメター」「ビオディヴァン」などの認証団体があります。

オーガニックを意識しながらも、環境との調和、経済性、労働環境などを広く考慮するのが「サステイナブル農法」です。太陽光発電で電力をまかない、水を再利用する。移民を雇用して大学に通わせる。温暖化を防ぐために瓶を軽くする。サステイナブルは「持続可能」の意味。農業だけでなく、地球の将来を考えた農法です。

これらとは別に「自然派ワイン」というジャンルがあり、日本で人気です。明確な定義はありませんが、栽培はビオロジックかビオディナミがベースで、醸造手法を重視しています。野生酵母で発酵させ、酸化防止のための亜硫酸の使用量を抑え、酵素などの添加物を使わない。農薬が広がる前の人の手をいれない造り方です。

手法に違いはあれど、あらゆる生産者が持続可能なワイン造りを意識しています。急激な温暖化に直面し、二酸化炭素排出量を減らそうとするのは農業に限りません。自然と共に働く造り手たちにとってはより切実な問題です。

消費者もエシカル（倫理的）消費に目覚めています。エコカーにこだわる人や、途上国の労働者を劣悪な環境でこき使うファストファッションを買わない人がいます。サステイナブルなワイン造りをしていない生産者のワインは飲まれなくなります。

新型コロナウイルスはワイン生産や消費を見つめ直す機会になりました。どうしたらサステイナブルなワイン造りができるか。改めて、注目を浴びています。

ステップ

2

★★

試飲ワイン

16本

石をなめる風味
心も体も癒やされる

〈No.9〉

プリンツ　グーツ　リースリング　クーベーアー　トロッケン　2019

Prinz Guts Riesling Q.b.A. Trocken 2019

産地	ドイツ　ラインガウ
ブドウ品種	リースリング
希望小売価格	2400円
輸入元	稲葉　Tel 052-301-1441

ラインガウはロバート・ヴァイル、ゲオルグ・ブロイヤー、シュロス・フォルラーツら名門ワイナリーがひしめくリースリング産地。プリンツは１９９０年代からワイン造りを始め、短期間で評価を上げた醸造所。バイオダイナミックスを導入し、純粋で自然な味わいに仕上げています。「グーツヴァイン」は醸造所のハウスワインを意味し、造り手のスタイルを最も素直に表現しています。ドイツのワイナリー（ヴァイングート）は「醸造所」と訳されます。

ラインガウのリースリングのイメージは元Ｆ１レーサーのシューマッハです。切れ味のよい硬質なスタイルが多い。ただ、このワインはトロッケン（辛口）ですが、モーゼルのような丸い酸と親しみやすさも秘めています。白い花、レモン、ほっそりしていて、砕いた石をなめるようなシャープな味わい。アルコール度は12％で体が楽。リースリングは最も好きな白ワインの１つ。いつ飲んでもほっとする。押し付けがましい主張がなく、心も体も癒やされます。

老舗の技量
ハーモニーありお手頃

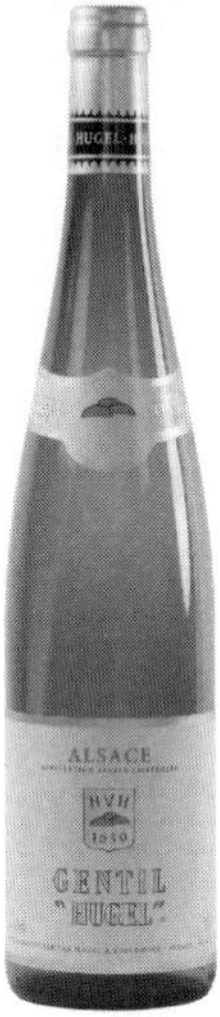

〈No.10〉

ファミーユ・ヒューゲル
ジョンティ　2018

Famille Hugel Gentil 2018

産地	フランス　アルザス
ブドウ品種	シルヴァーナー、ピノ・ブラン、リースリング、ミュスカ、ゲヴェルツトラミネール
希望小売価格	1900円
輸入元	ジェロボーム　TEL 03-5786-3280

アルザスはドイツと接する北の産地ですが、気候条件は恵まれています。西側を走るヴォージュ山脈が雨雲をさえぎり、フランスで最も雨の少ない産地の1つです。多彩な土壌がモザイク状に入り組んでいるため、栽培家は土壌に基づいて適切な品種を植えてきた。そのため、フランスには珍しく、場所の名前ではなく、品種がラベルに大きく表示されています。わかりやすくて助かります。

ヒューゲルは17世紀前半に創業。品種の表現に力を入れてきました。ジョンティは複数の品種をかけ合わせた古くからあるワイン。シルヴァーナーのフレッシュ感、リースリングの品格、ゲヴェルツトラミネールのスパイシーな風味が組み合わさり、複雑でありながらも、軽やかさをまとっています。少しガスを残していて活気がある。青りんご、パッションフルーツの香り、口当たりは柔らかい。ハーモニーがあり、幅広い料理と接点がある。単一品種より複数ブレンドの方が難しい。ヒューゲルの技量がよく出たお手頃ワインです。

冷涼感あふれる
シャンパンの代替品

〈No.11〉

ミッシェル・ティソ・エ・フィス
クレマン・ド・ジュラ

Michel Tissot & Fils Cremant du Jura

産地	フランス　ジュラ
ブドウ品種	ピノ・ノワール、シャルドネ、トゥルソー、プルサール
小売価格	2000円
輸入元	ヴァンパッシオン　TEL 03-6402-5505

２５００円を切るシャンパンはありません。代わりになるクレマンがないかと思って探し続けて出会ったのがこれ。ジュラはブルゴーニュから東へスイスに向かって1時間余り。トロトロの山のチーズ、モンドールや黄色ワインのヴァン・ジョーヌが有名です。冷涼な気候を生かして、シャルドネやピノ・ノワールも栽培されている。世界の専門家の間でいま注目の産地です。４５０年を超す名門のミッシェル・ティソは、クレマン・ド・ジュラの生みの親。下手なシャンパンに負けない繊細で複雑な味わいです。

ブルゴーニュ品種と土着品種をブレンドし、山の上の冷涼な気候を生かして、切れ味とミネラル感のあるほっそりしたスパークリングワインに仕上げています。クリーミィな泡、火打ち石の香り、すっきりした酸味、ほろ苦さと塩み。安手のスパークリングには雑味がありますが、これは純粋でクリーンです。熟成期間が15か月間と短いので、シャンパンの複雑性に及びませんが、代替には十分です。

潮風そよぎ
エキスたっぷり

〈No.12〉

ボネ・ユトー　ミュスカデ・セーブル・エ・メーヌ　レ ボネブラン　2018

Bonnet Huteau Muscadet Sèvre et Maine Les Bonnets Blancs 2018

産地	フランス　ロワール地方ペイ・ナンテ
ブドウ品種	ミュスカデ
参考小売価格	1900円
輸入元	ディオニー　Tel 075-622-0850

ミュスカデと聞くと、シャバシャバした水っぽいワインを連想する方も多いでしょう。例外はあります。ボネ・ユトーは40ヘクタールを超す畑に有機農法のビオディナミを導入しています。ビオディナミで造るワインは純粋で透明感に包まれている。マグネシウムや鉱物の豊かな土壌から、石をなめるような硬さのあるワインが生まれます。潮風がそよぎ、緊張感みなぎるエキスたっぷりの白ワインです。

アルコール度の高い、ヴォリューム感あふれるワインの圧倒されるような迫力はない。線が細いと感じる人もいるでしょうが、これがミュスカデの個性です。懐石料理の滋味あふれるお椀のように繊細な味わい。こういうワインを「フィネスがある」と言います。レモンやグレープフルーツの香り、開けたてはシャイですが、2、3日たって酸素にふれると、ほろ苦さをまとった精妙な味わいに発展します。創業は19世紀末。兄弟で畑仕事に力を注いでいます。控えめな値段が申し訳ない。海の幸なら何でも合うでしょう。

美しい丘陵から
春の新芽のさわやかさ

〈No.13〉

アンリ・ブルジョワ　プティ・ブルジョワ
ソーヴィニヨン・ブラン　2018

Henri Bourgeois Petit Bourgeois
Sauvignon Blanc 2018

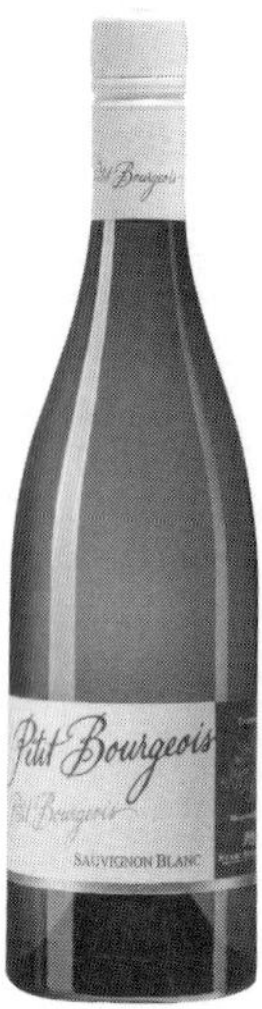

産地	フランス　ロワール
ブドウ品種	ソーヴィニヨン・ブラン
希望小売価格	2200円
輸入元	JALUX　TEL 03-6367-8756

ワインは農産物ですが、市場で取り引きされる商品でもあります。車やブランド品と同じく名前は大切です。ロワールの「サンセール」は優しい響きで、覚えやすいため、米国で人気が出ました。米国で売れれば、世界に広がります。各国で植えられているソーヴィニヨン・ブランの原産地がロワール。その本丸がサンセールです。丘の上に街があり、起伏に富む丘陵の広がる美しい産地です。

ブルジョワ一族もまた名前の覚えやすい造り手。10世代以上にわたってソーヴィニヨン・ブランを手掛け、ニュージーランドにも進出しました。ソーヴィニヨン・ブランの魅力は快活さとさわやかさ。口に含んだ瞬間に、背筋が伸びるような酸味と香り高さに直撃されます。春の新芽を思わせる青さがほとばしり、レモンやグレープフルーツ、すがすがしい酸は唾液が出るほどです。サンセールは高めですが、このワインでも十分にその性格は伝わってくる。フランスの定番料理は川魚やサーモンですが、日本なら多彩な白身魚と。

トロピカルで華やか
ヴィオニエの入門編

〈No.14〉

ドメーヌ・デ・ザントルフォー
ラ・ジャヴァ・デ・
ザントルフォー　2018

Domaine Des Entrefaux
La Java Des Entrefaux 2018

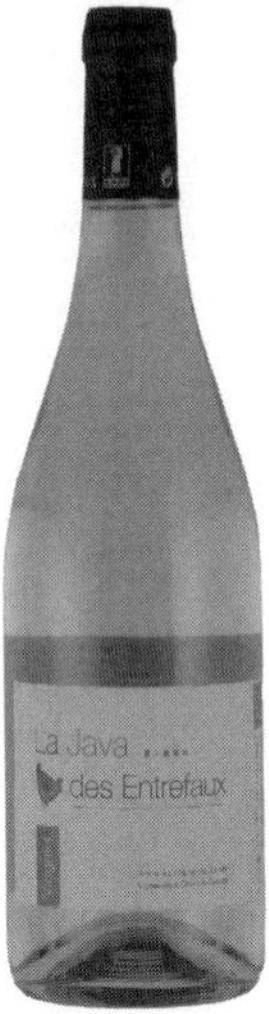

産地	フランス　ローヌ北部
ブドウ品種	ヴィオニエ
参考小売価格	2500円
輸入元	ディオニー　Tel 075-622-0850

ヴィオニエは初めて飲んだ人が必ず気に入る品種です。黄桃やアンズ、ライチなどエキゾチックな果実の香りが爆発します。口当たりはとろけるようにオイリー。酸は穏やかで、肉づきがよく、アルコール度が高い。これぞ華やかと言いたくなるゴージャスな味わいなのです。ローヌ北部の原産。赤ワインのコート・ロティにもブレンドされます。開花期にうまく受粉しない花ぶるいが多く、生産量が少ない。コンドリューで探しても高価なワインしかありません。

このワインはコンドリューから南に下ったクローズ・エルミタージュのブドウで造られます。コンドリューほどの凝縮感はありませんが、フローラルで、適度な厚みを備えています。トロピカルな雰囲気は出ていて、ヴィオニエの入門編にぴったり。除草剤や化学肥料は使わず、「エコセール」というオーガニックの認証を受けています。スパイシーなエスニック料理と相性がよい。ヴィオニエは今は、ラングドックやカリフォルニア、オーストラリアでも栽培されています。

自然でまろやか
活動的な当主のビオワイン

〈No.15〉

M.シャプティエ　コート・デュ・ローヌ・ルージュ　コレクション・ビオ　2017

M.Chapoutier Cotes du Rhone Rouge
Collection Bio 2017

産地	フランス　ローヌ南部
ブドウ品種	グルナッシュ、シラー
希望小売価格	2000円
輸入元	日本リカー　TEL 03-5643-9780

ローヌにはギガル、シャプティエ、ペランという家族経営の三大メゾンがあります。量も質も抜きん出ています。この中で、ミシェル・シャプティエは最も活動的な当主です。ビオディナミを取り入れて、自然との調和を図りながらテロワールを表現するワイン造りに力を注いでいます。25年間で生産量を20倍、売り上げを25倍に増やし、評論家ロバート・パーカーのパーカー・ポイント１００点を50回も獲得。シャンパーニュやオーストラリアでもワインを造っています。

コレクション・ビオはＥＵの有機認証「ユーロリーフ」に認められたビオワインです。口当たりは柔らかく、ジューシー、流れるような質感に包まれています。ビオで造るワインならではの純粋さが伝わってくる。ひっかかりがなく、まろやかで自然な味わいです。ブラックベリー、甘草、骨組みはしっかりしていますが、角張った硬さはない。アルコール度は14・5％と高いのですが、生き生きした酸とのバランスがとれていて、重さを感じさせません。

インスタ映えする
セレブのロゼ

〈No.16〉

ステュディオ・ロゼ・バイ・ミラヴァル　2018

Studio Rose by Miraval 2018

産地	フランス　プロヴァンス
ブドウ品種	グルナッシュ、ロール、サンソー、ティブルン
希望小売価格	2500円
輸入元	ジェロボーム　TEL 03-5786-3280

ロゼは世界的なブームです。食のライト・ヘルシー化や、ワイン消費量が減る中で、融通のきくロゼで通す消費者が増えています。フランスではロゼワインの消費量は白ワインを上回り、3本に1本はロゼです。ミラヴァルは、ハリウッド俳優のアンジェリーナ・ジョリー&ブラッド・ピットのカップルとローヌの名門ペラン家がタッグを組んで始めたブランドです。「セレブワイン」ですが、ペラン家が本腰を入れているので、イメージ先行でなく、品質も高いのです。

ステュディオの名前が示す通り、ミラヴァルのセカンドワイン。お手頃です。美しいサーモンピンクの色調、野いちご、マンダリン、なめらかな質感で、海水のような塩みの余韻が残ります。軽いガスを含むフレッシュな辛口。「太陽がいっぱい」と思わず口から出てしまう。きれいなロゼはインスタ映えします。LVMHやシャネルなどラグジュアリーグッズの企業がプロヴァンスのワイナリーを買収して、ロゼ造りに乗り出しています。日本にも広がっています。

コラム

セレブワインって何ですか？

映画監督、俳優、ロック音楽家らが造るワインを「セレブリティ・ワイン」といいます。かつては名義貸しの〝商売〟も多かったのですが、最近はワイン好きなセレブが実力のある醸造家と組んだ本格派が増えています。

先駆は映画『ゴッドファーザー』の監督フランシス・フォード・コッポラでしょうか。彼はカリフォルニア・ソノマにプールがあり映画の小道具を展示する、テーマパーク的なワイナリーを所有しています。若い世代には映画より、ワイン生産者として知られています。

ハリウッドからはジョリー&ピットのほか、キャメロン・ディアス、ドラマ「セックス&ザ・シティ」のサラ・ジェシカ・パーカーら。

ロック・ポップス歌手からは、スティング、ジョン・ボン・ジョヴィ、ジョン・レジェンド、ポスト・マローン、メアリー・J・ブライジ。シャンパン好きが高じて、アルマン・ド・ブリニャックのブランドを購入したラッパーのジェイ・Zもいます。

米国での人気を映してか、最近はロゼワインが多いのです。

しなやかなネッビオーロ
ゴクゴク飲みたくなる

〈No.17〉

G.D.ヴァイラ　ランゲロッソ

G.D.Vajra Langhe Rosso

産地	イタリア　ピエモンテ州
ブドウ品種	ネッビオーロ、バルベラ、ドルチェット、フレイザ、アルバロッサ、ピノネロ
希望小売価格	2400円
輸入元	テラヴェール　TEL 03-3568-2415

バローロやバルバレスコを生むネッビオーロ種は、タンニンの硬い長期熟成型ワインの代表でした。今の時代、タンニンがほどけるまで10年も20年も待っていられません。醸《かも》しの期間を短くするなど、醸造を工夫して、しなやかな質感のネッビオーロが生まれるようになりました。バローロのベテラン醸造家アルド・ヴァイラが造るこのワインは、ネッビオーロを核に、複数品種の若樹をブレンドしています。

頑強なネッビオーロはしばしば「厳格な」と表現されますが、このワインは近づきやすい。近づきやすい性格は「アプローチャブル」と表現されます。ドライチェリー、ブラッドオレンジ、タンニンは軽やかで、フレッシュな酸があり、バランスがとれています。空気に触れて開くと、スペアミントやタバコ、湿った土の香り。難しい顔をしてチビチビするのではなく、ゴクゴクと飲みたくなります。熟成したネッビオーロのしおれたバラの香りもいいのですが、重厚な品種を若々しく仕上げたカジュアルなワインもいいものです。

サンジョヴェーゼの名手
3番手ワインでもおいしい

〈No.18〉

チャッチ・ピッコロミニ・ダラゴナ ロッソ・トスカーナ　2017

Ciacci Piccolomini d'Aragona Rosso Toscana 2017

産地	イタリア　トスカーナ州
ブドウ品種	サンジョヴェーゼ80%、カベルネ・ソーヴィニヨン、メルロー、シラー
希望小売価格	2200円
輸入元	テラヴェール　TEL 03-3568-2415

サンジョヴェーゼの最高の産地はキャンティ・クラシコとブルネッロ・ディ・モンタルチーノです。近年は品質も値段も上がって、3000円以内で良質な生産者を見つけるのは難しい。このロッソ・トスカーナはサンジョヴェーゼを核に、ボルドー品種などをブレンドしています。ワイナリーは、ブドウの質に応じて、ファーストワイン、セカンドワイン、サードワインを造ります。これは3番手の位置づけですがおいしい。ブルネッロでは飛び抜けた生産者で、ブドウがよく出来て、完熟しているのではずれがない。

標高の高いブルネッロの畑で栽培するサンジョヴェーゼは酸が強めで、タンニンも硬めになりがち。これはまろやかで、タンニンはきめ細かい。サンジョヴェーゼを特色づけるレッドチェリーや野いちごの香りが心地よく、時間がたつとタバコの香りも。うまみのエキスがじんわりとにじむ味わい。毎日でも飲みたいお買い得です。優れた生産者のワインは、何を飲んでもがっかりさせられることがありません。

岩をなめる感覚
火山のミネラル感

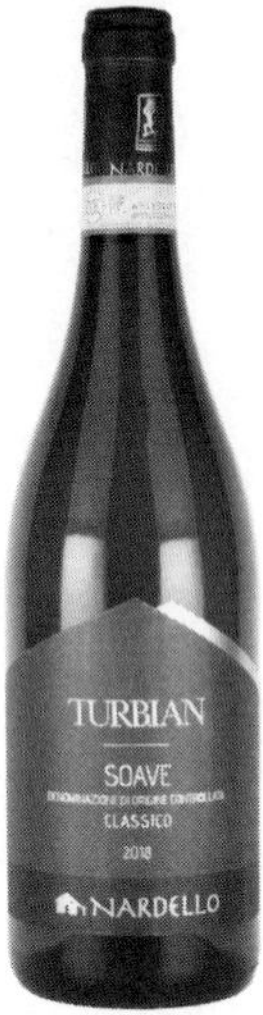

〈No.19〉

ナルデッロ　ソアヴェ・クラシコ トゥルビアン　2018

Nardello Soave Classico Turbian 2018

産地	イタリア　ヴェネト州
ブドウ品種	ガルガネガ70%、 トレッビアーノ・ディ・ソアヴェ 30%
希望小売価格	2210円
輸入元	BMO　TEL 03-5459-4334

ソアヴェはイタリアで最も有名な白ワインの1つ。品質の劣る大量生産型のワインが増えて、一時は評判を落としましたが現在は活気があります。単一畑を認めるなど、産地全体に品質を上げようという意気込みがある。ソアヴェ・クラシコは伝統的にソアヴェが造られてきた丘陵地帯から生まれる。格がちょっと高いのです。

ナルデッロは有機栽培に取り組み、自然でクリーンなソアヴェを世に出す。樹齢60年の古木から造り、オリと共に春まで寝かせます。土壌はやせた火山性。火山性土壌から摘んだブドウをオリと共に熟成する白ワインは、先に説明したミネラル感を帯びやすい。このソアヴェも岩をなめるような感覚があり、塩気のにじむ味わいです。おいしいソアヴェは、海から上がった時のように唇に塩気が残る。魚のカルパッチョや魚介のパスタとよく合います。レモンオイル、グレープフルーツ、アーモンドにフレッシュなハーブの香り。最初の硬さが、空気にふれて丸くなる。その変化を楽しみたい。

潮の飛沫とエネルギー
懐深い海のワイン

〈No.20〉

サルタレッリ　ヴェルディッキオ・デイ・カステリ・ディ・イエジ・クラシコ 2018

Sartarelli Verdicchio dei Castelli di Jesi Classico

産地	イタリア　マルケ州
ブドウ品種	ヴェルデッキオ
希望小売価格	1800円
輸入元	テラヴェール　TEL 03-3568-2415

ちょっと長いワイン名ですが、覚えることは1つ。サルタレッリがヴェルディッキオの指標となる生産者ということです。イタリアに3つある有名なワインガイドで高く評価され、首相の官邸でも使われています。フィレンツェから東に向かったところにあるマルケ州のアドリア海沿いで、ヴェルディッキオのワインしか造らない専門家です。イタリアには「海のワイン」と「山のワイン」があると言いましたが、これは海に近い畑からとれる典型的な海のワインです。

ヴェルディッキオには魚の形の瓶に入った安ワインのイメージもありましたが、サルタレッリは別物。有機栽培で、気合の入ったワインをものにしています。ねっとりとした舌触り、白桃、ライムの皮、アーモンドの香りがあり、潮の飛沫、みずみずしい酸と厚みのある果実が溶け合っています。エネルギーが詰まっている。こうしたコスパの高い土着品種が見つかるのがイタリアの面白さ。海のものなら何でも受け入れる懐の深い白ワインです。

シチリアに戻りたくなる伊達男が造る島のワイン

〈No.21〉

タスカ・ダルメリータ レガリアーリ・ビアンコ　2018

Tasca d'Almerita Regaleali Bianco 2018

産地	イタリア　シチリア州
ブドウ品種	インツォリア、グレカニコ、カタラット、シャルドネ
参考小売価格	1830円
輸入元	アサヒビール　Tel 0120-011-121

シチリアほど素敵な産地はない。青い海、美しい丘陵、とれたてのシーフード……田舎道を走っているといきなり羊の大群の行列に出くわす。映画『ゴッドファーザー』の世界です。1990年代まではイタリア北部のワインを補強する安でなワインの産地でしたが、ダルメリータらが品質を高めて、今は世界のワイン地図に載っています。

イタリア中の貴族令嬢が憧れたという伊達男の8代目アルベルト・タスカが指揮をとっている。豊かな自然の広がるレガリアーリ農園は、サステイナブル農法で、オリーブ、小麦、野菜などを育て、ブドウもその一部です。地中海最大のシチリア島は、アフリカから熱風（シロッコ）が吹き付ける暑い土地。赤が個性的ですが、白も見逃せない。レモンドロップ、ライム、アーモンドの花の香り、ほろ苦みがあり、キレがいい。閉じられた生態系の島のワインは面白い。魚介類、特産のボッタルガやトマトのパスタともベストマッチ。飲むたびにシチリアに戻りたくなるワインです。

ドライトマトと血の香り 深みあるコスパワイン

〈No.22〉

マシャレッリ　モンテプルチアーノ・ダブルッツォ　2016

Masciarelli Montepulciano d'Abruzzo 2016

産地	イタリア　アブルッツォ州
ブドウ品種	モンテプルチアーノ
小売価格	2400円
輸入元	オーデックス・ジャパン　TEL 03-3445-6895

アブルッツォ州はローマの東に位置し、山と海に囲まれた自然の豊かな土地。農業と観光が主体で裕福ではない。安ワインの多かった土地を変えたのが、ヴァレンティーニとマシャレッリです。土着品種のモンテプルチアーノとトレッビアーノの品質を高めて、世界の注目を集めました。マシャレッリの当主だったジャンニは国際品種を生産する一方で、土着品種も高価なフレンチ製の樽で熟成した挑戦者です。有名なガイドブック『ガンベロロッソ』から、最高評価のトレビッキエーリ（3グラス）を大量に獲得しました。ジャンニが早逝した後は、妻のマリナが跡を引き継いでいます。

　モンテプルチアーノは、サンジョヴェーゼと同様に、各地で栽培されています。じっくり育てると糖度が上がり、深みと厚みが出ます。レッドチェリー、ドライトマト、ナツメグ、血の香りに、ほのかにタバコ。タンニンはこなれていて、果実味と適度な凝縮感。優れた造り手が本気で取り組んだコスパワインで、品種の魅力を広めています。

南イタリアの太陽
ガッツあるモダンワイン

〈No.23〉

サン・マルツァーノ　タロ
プリミティーヴォ・ディ・
マンドゥーリア　2018

San Marzano Talo Primitivo di Manduria 2018

産地	イタリア　プーリア州
ブドウ品種	プリミティーヴォ・ディ・マンドゥーリア
希望小売価格	2000円
輸入元	モトックス　TEL 0120-344101

イタリアの南部は貧しい。かかと部分にあるプーリア州は、農業従事者の割合が国内で最も多い土地です。市場にはカラフルな野菜や果物。オリーブオイルの生産量は国内で一番です。大量生産型のワインが主体でしたが、協同組合が量から質へ転換を図り、土着品種がモダンに変身しました。

サン・マルツァーノはその代表。相互扶助から始まった組合は大抵おおらかですが、ここは品質管理が厳しい。収穫期に訪ねると、ブドウを運ぶ農家のトラックが検査所に長い列をなしていました。糖度や色素などを測定して、買取価格を決めるのです。品質を競う農民の士気が高い。プリミティーヴォ・ディ・マンドゥーリアは強い日差しを受けて、凝縮したタンニンと果実味を蓄える品種です。粗野になりがちだけれど、醸造技術でなめらかな質感に仕上げています。舌をつかむグリップ感とガッツがありながら、ジューシーで、干しブドウやチョコレートの香り。濃厚だけれど、洗練されています。南イタリアの太陽を感じるワインです。

夢見心地の甘美な泡
知らないと人生を損する

〈No.24〉

サラッコ
モスカート・ダスティ　2019

Saracco Moscato d'Asti 2019

産地	イタリア　ピエモンテ州アスティ
ブドウ品種	モスカート・ビアンコ
希望小売価格	2200円
輸入元	エノテカ　TEL 0120-81-3634

この微発泡の甘口ワインを飲んで、おいしいと思わない人がいるでしょうか？ 水蜜桃、ジャスミン、オレンジの花、ハーブティーにもするヴェルヴェンヌの心地よい香り。軽やかでクリーミィな泡と、上品でほのかな甘みが口中を愛撫《あいぶ》する。幼いころに飲んだラムネの素朴なおいしさを思い出させます。アルコール度は5・5％と軽い。余韻がしっかりと長く、夢見心地の時間が続きます。

密閉されたタンク内で発酵させてほのかな泡を帯びる。早めに出荷してフレッシュさやフルーティな味わいを楽しみます。サラッコは20世紀初頭から伝統的な造り方を守ってきた最高峰の造り手。イタリアの権威あるワインガイド『ガンベロロッソ』でトレビッキエーリ（3グラス）を獲得した。素朴だが甘美。イタリアの芸術的な職人の才能にうならされます。これを飲まない人は人生を損しています。現地では生ハムやビスコッティと合わせます。麻婆豆腐とも悪くなかった。ちょっと反則技ですね。

ステップ

3

★★★

中級者のために
ポストコロナのワイン術
テイスティング身に着け仲間を作る

そろそろワインが面白くなってきたのではありませんか。

飲めば飲むほど、飲んだことのないワインの多さに気づかされる。そりゃそうです。毎年のようにワインは造られる。見知らぬ産地から、次々と新しいワインが登場する。どんなソムリエも評論家も、すべてをフォローするのは不可能です。

皆さんはプロではありません。ボルドーでも、ブルゴーニュでも、好きな産地が見つかったら、そこのワインを集中的に飲んでみてください。好きな産地を自分の地元と考え、地酒にしてしまうのです。

ボルドーのスーパーマーケットも、ブルゴーニュの酒屋も、置いてあるのは地元のワインばかり。フランス人は地元のワインしか飲みません。

1つの産地に絞って飲むのは、ワインというお酒を理解する早道です。同じ産地の品種が異なる赤や白、同じ造り手でも値段の違うワインを比較しながら飲む。どこが共通していて、なぜ違いが出るのか。理屈ではなく、体感的にわかるようになります。

同じ生産者なのに、なぜ赤が白よりおいしいのか。いつもしっかりしているワインが、難しい年に薄っぺらな理由は。安いのに、別の生産者の高いワインよりなぜおいしい……。

〝地酒感覚〟を身に付ければ、多くの疑問に対する答えが見えてきます。

その感覚が、世界の各地のワインを飲む時の物差しになるのです。

でも、感覚だけでは他人と共有できない。感覚は抽象的なもの。それを言葉で表現することによって、初めて具体的に伝わります。

「おいしい」と言うのなら、どこがおいしいのか。香り高い、パンチがきいている、清涼感がある……少しでも具体的に伝えたくなるのはだれもが同じでしょう。

ワインはソーシャルなお酒です。1人で抱え込むのではなく、他人と一緒に楽しむことで、飲んだ時の喜びが何倍にもふくらみます。

テイスティング・コメントは喜びを共有するツール

その喜びを共有するために必要なのが、テイスティング・コメントです。テイスティングとは試飲のこと。ワインを飲んだ際の感想を言葉で表現します。ワインに国境はない。香りや味わいを表現する言葉は、おおまかに決まっている。それらをコンパクトに伝えれば、言語や国籍が違っても、1本のワインに対する共通の理解が得られます。

格好つけなくてもいい。詩的な表現は不要。よどみなくしゃべれなくてもいい。ソムリエが美辞麗句を並べるのは漫画の世界の話です。

テイスティング・コメントはそもそも造り手と買い手のプロ同士の意思疎通の道具として始まりました。最初は一言でも、二言でも、最小限の言葉で十分。最低限の表現を身につければ、ワイン仲間の共通言語になります。地酒感覚と合わせて、未知の産地に陣地を広げる武器になります。

皆さんは何のためにワインを飲むのですか？

ワインが好きだからでしょう。好きだからもっと知りたい。好きになったら身近な人と一緒に飲んで広めたい。

的確にコメントで表現できるようになれば、意思を通わせて、1本のワインについてお互いの理解を深められます。そのレベルにたどり着けば、いつのまにか安くておいしいワインを探す能力も備わります。

スマホやタブレットで情報をシェア 自らも世界に発信する

米国にロバート・パーカーという評論家がいました。現役時代は、ワインの取引価格を左右するほどの影響力を誇っていました。元は田舎の信用金庫の弁護士。正式な教育は受けていないけれど、自学自習で、どんな先輩よりもワインの本質を見抜きました。

デジタル時代は多くの情報がフリーです。ワインスクールに通って、テイスティングを学ぶ必要はない。ネット上に山ほど見本が転がっている。コメントを書き込めるアプリも参考になります。スマホやタブレットを活用して、独力でトレーニングできます。

どんな世界もコピーから始まります。他人の〝技〟を自分のものにしましょう。

コピーという言葉に抵抗があるなら、先ほどから連発する「共有する」に置き換えましょうか。いまどきの表現で言えば「シェアする」というやつです。

新型コロナウイルスによって、仕事も私生活もリモート化が進んでいます。ワイン業界も同じこと。世界中のワイン産地で、人の行き来が自由にできません。私の仕事は旅して、現地の風に吹かれ、ワインを試飲すること。困っています。

ワイナリーやインポーターは、苦肉の策として、Ｚｏｏｍなどを使うウェビナー（ウェブ上のセミナー）で現地情報を発信するようになりました。モニター越しとはいえ、一次情報にアクセスできるのは、パンデミックの思わぬ副産物です。私もＺｏｏｍ取材にすっかり慣れました。

自分の言葉でワインを表現する。それをデジタルな形でシェアして、ワインの世界を広げる。人間の出会いは、直接接触が基本でしたが、これからは新しいライフスタイルの時代です。Ｚｏｏｍ飲み会でも、濃密な関係は築けます。

暮らしも仕事も趣味も、オンラインのコミュニケーションから後戻りはできません。ステップ3では、デジタル技術を活用して、無限の情報を吸収し、自らも発信しましょう。それがポストコロナのおうち飲みワイン術です。

テイスティングは簡単 ワインは見た目が5割

ワインが目の前にあると、すぐに飲みたくなる。無理もありません。ちょっと我慢して外観を観察してみましょう。注ぐのはグラスの3分の1程度。なみなみ注ぐと、香りをためる空間がありません。レストランではうれしいですが。『人は見た目が9割』という本がありました。ワインも見た目の情報から5割は素性が読み取れます。

チェックポイントは、色調、輝き、透明度、粘度です。

「色調」からは産地の気候とワインの年齢、それにワイン造りが読み取れます。白ワインが淡い色調で、緑色を帯びていたら涼しい産地です。酸のキリッとした、ほっそりした味わいかなと想像できる。フランスなら、ロワールやアルザスかもしれない。濃厚な黄色だったら、太陽の恵みが豊かな産地。ローヌやカリフォルニアの可能性があります。

ブルゴーニュのように冷涼な産地でも、日照に恵まれた年は色調が濃くなる。暖かいローヌでも、涼しかった年は淡めになります。産地にかかわらず、熟成させると、白は黄色が強くなり、琥珀《こはく》へと変化します。

赤ワインの色調は、白ワイン以上に明確に産地の気候を物語る。ブルゴーニュのような涼しい土地はルビー。温暖なボルドーはガーネット、カリフォルニアやローヌは中心に黒みを帯びている。色調は醸造の仕方でも変わります。ブドウから色素やタンニンを強く抽出すると濃くなります。グラスの向こうが見通せないくらい赤黒くなる。果実の凝縮度も高いと、マッチョで、パワフルなワインに仕上がります。

赤ワインは酸化を防ぐタンニンを含むので、白ワインより寿命が長い。若いうちは紫を帯びた明るい赤色で、熟成すると暗さを帯びて、最後はレンガ色へとあせていく。良作年のボルドーやポートには、19世紀から生き長らえているワインもあります。

次に「輝き」と「透明度」。輝いて、透明であれば、ワインは清潔な環境で造られた、健全なものだとわかります。曇っていれば問題があるかもしれない。最近は醸造時に生じたオリをわざと残すワインもあるので、必ずしも欠陥があるとは言えませんが。

最後に「粘度」を見ます。グラスを軽く回すと、ワインのしずくが壁面にまとわりつい て流れ落ちる。このしずくを「脚《あし》」や「涙《なみだ》」と呼びます。厚みがあって、ゆっくりと落ちていくのは、「脚が長い」という。エキスやアルコール分をたっぷり含んでいる。口中にまとわりつくようなコクを感じます。

脚が長いのは糖度の上がる暖かい土地のワインが多い。ただ、必ずしも品質が高いとは言えません。

外観から想像する楽しさ 出会い重ねて見る目を養う

これら4つとは別にスパークリングワインだけの要素があります。「泡の細かさ」です。スパークリングワインは、発酵を終えた酵母の死骸（オリ）とともに、瓶内でじっくりと熟成させる。その間に香りやうまみが生まれる。その期間が長いほど、気泡が細かくなり、香りも複雑になります。

いいシャンパンは、きめ細かい泡が連続して立ち上がり、表面に真珠の首飾りのように連なります。瓶内熟成期間の短いカバなどは泡が大きめで、すぐに消えてしまいます。スパークリングは、泡の細かさが品質を図る目安となります。

言葉で説明されてもすぐには頭に入らないでしょう。それでも、場数を重ねるうちに少しずつ見えてくるものがあります。同じボルドー品種で造られていても、カリフォルニアの赤ワインとボルドーでは、やはり違いがあるなと。

それでは、外観からあれこれ想像するのに何の意味があるのでしょう。

初めてデートする時のことを考えてください。服装やたたずまいから、相手の人柄を探ろうとしますよね。話してみたら、意外に神経質だったり、おおらかだったり……ワインも同じ。一期一会の飲み物です。漫然と飲むより、頭を働かせながら味わった方が、理解が深まります。出会いを重ねるうちに、見る目が養われます。

最初の難関は香り　1つでもとれれば十分

ワインの外観を見るのは相手と握手するようなもの。次は話しかけてみましょう。ワインの楽しみの半分以上は香り。香りに魅惑されてワインのとりこになる人の多いこと。

大切なのは少量だけ注いで、ステップ1で言ったように、すぐにグラスを回さないこと。

最初は静かに香りをかいでください。2、3秒で大まかな印象をつかんで、ゆっくりと回します。香りが立ち上がってきます。

若いワインの香りはブドウ自体が持つ果物や花の香りが中心です。植物やスパイス、土、発酵によって生じる乳製品も感じ取れるかもしれません。

果物の香りは産地の気候や収穫年の天候を映します。これはフルーツの産地を想像するとわかりやすい。

白ワインなら、涼しい土地はレモンや青りんご、少し暖かくなると、洋ナシや桃、かなり温暖な土地はパイナップルやマンゴーの香りになります。収穫年の日照が豊かだったら、涼しい土地でもレモンでなくて白桃。成熟をギリギリまで待ってブドウを摘むと、トロピカルな果実のニュアンスを帯びることもあります。

赤ワインなら、涼しいブルゴーニュはラズベリーやブルーベリー。やや暖かいボルドーはレッドベリーやブラックベリー。暑いカリフォルニアなら、プルーンやカシス。産地や収穫年の違いに左右されるのは白ワインと同じです。

香りには花や植物、樽由来の香りも含まれます。若い白なら、ミントやハーブ、樽で醸造していればヴァニラ、バターやトースト。若い赤なら、スミレ、コショウやナツメグ、甘草やユーカリ。コーヒーやカラメルの香りもあります。

熟成すると、香りが発展します。これがワインの面白いところです。

白ならキノコやナッツ、ドライフラワー。赤なら、紅茶、タバコ、落ち葉、腐葉土。品種によっても、熟成年数によっても、その発展度合いと香りのタイプは異なります。古いワインは色調と香りを重ね合わせることで、収穫年を想像します。

あせらずじっくりと積み重ねる

香りの変化は植物のサイクルと似ています。花が咲いて、植物が成長すると、熟《う》れた果実をつけ、最後は種となって地面に落ちる。それぞれの段階に対応して、香りが発展していくイメージです。

テイスティングでだれもが最初につまずくのが、この香りの表現です。

どこかでかいだ香りだという記憶はあっても、それにあてはまる言葉が出てこない。無理もありません。テイスティングの用語は、ヨーロッパで生まれました。日本人が普段食べない果物や、かいだ経験の少ない香りの用語がたくさん使われます。

赤ワインの果実は、ベリーがベースになっているので、色の淡いベリーか濃いベリーか。

そこから始めれば十分です。黒みの強いベリーと感じれば、それは暖かい産地か、太陽に恵まれた年だと想像がつきます。

香りをとるのにかける時間は、最初と回してから合わせて10秒以内。グラスに長い間、鼻をつっこんでいると麻痺《まひ》します。

皆さんは試験やコンクールに挑むわけではありません。

1つでも香りがとれたら、記憶に残すか、スマホにメモするだけでいい。赤ん坊のように、言葉は少しずつ増えていきます。

さて、ここまでは最初にワインと相対するテイスティングの作法をお話ししました。その後はお楽しみタイムです。グラスの中で香りは発展します。最初は感じなかった香りが飛び出す。とりわけ、熟成したワインは変化がめまぐるしい。その過程がワインの醍醐味です。ステップ1でも話したように、ワインは開けてから成長するのです。

高品質のワインほど香りが複雑で、長く続きます。日本人は香りに敏感な民族です。香水で体臭をごまかすフランス人よりはるかに繊細なセンスを持っているはず。あせらず、積み重ねましょう。

味わいは5つの要素を探しにいく

いよいよ口に入れて味わいましょう。外見と香りは文章にすると長かったけれど、ここまで30秒もかかっていません。

一気に飲まず、少量を口にふくんでください。6つに分けて確認していきます。アタック、味わい、ヴォリューム感、凝縮感、バランス、余韻です。

「アタック」とはちょっと難しそうですが、要は第一印象です。人間で言えば、気が強そう、優しそうとか、どんな人柄なのかをつかみます。「生き生きしている」、「力強い」、「なめらか」とか、大づかみすれば十分です。

相手の印象をつかむには、出会いの場数が必要です。経験を積めば、ワインの性格もつかみやすくなります。

ワインを口全体に行き渡らせましょう。口の奥から鼻に抜ける香りもチェック。グラスからかいだ時とは別の香りが見つかったら覚えておきます。

次に「味わい」です。ワインの味わいを決めるのは甘み、酸味、渋み、苦みの4つに、近年は塩《しお》みが加わりました。まとめて言うと「甘酸渋苦塩」の5つです。口に含んで1つずつチェックしていきます。分析というより、それらの要素を探しにいくくらいのつもりで気楽に。

「甘み」は最もわかりやすい。前にも話したように、酵母がブドウの糖分をアルコールと炭酸ガスに分解してワインが生まれます。酵母が糖分を食べきれずに残ると、そのワインは甘口になる。白ワインは途中で発酵を止めて、甘口に仕立てます。発酵しきれば辛口。赤ワインは糖分をすべて発酵させて、辛口にするのが普通です。

「酸味」。これは日本酒にはないワインの強みです。キレのよい酸は白ワインの背骨。ワインにフレッシュ感を与えます。涼しい土地のブドウは酸が乗るのに対して、暖かい産地だと酸は柔らかく、まろやかに感じられる。ただ、暖かい土地でも、涼しい畑に植えたり、昼夜の温度差を生かすことによって、フレッシュなワインを造れます。酸の弱い白ワインはメリハリに欠け、飲み飽きます。

「渋み」はもっぱら赤ワインに感じられます。ブドウの果皮や種に含まれるタンニンから生まれる。緑茶やウーロン茶でも感じられますね。冷めるとわかりやすい。タンニンはワインの骨組みを形作り、熟成には欠かせません。ボジョレー・ヌーヴォーが日本で受けたのは、タンニンが控えめで、飲みやすかったから。赤ワインを飲みつけると、物足りなくなりますが……。

「苦み」は渋みと一体になって感じられます。ブドウの茎や果皮から抽出され、樽からも出る。赤ワインだけでなく、白ワインにも苦り塩のようなほろ苦みを感じることがあります。それはたいてい、よくできた複雑なワインです。

最近になってよく使われる「塩み」。これは涼しい産地の白に出やすい。昼に海から上がった時のような塩気が残ります。赤にも感じられることがある。塩気を感じるのもいいワインです。

「ヴォリューム感」は口中で感じる風味の豊かさやコクのこと。アルコール度の高いワインや、エキス分、タンニンの豊かなワインに感じられる。最初はつかみにくいかもしれませんが、よく熟したブドウから造るワインには、甘くて温かな感じがある。

このヴォリューム感を、ワイン用語で「ボディ」といいます。重みがあって、肉付きのよいワインをフルボディといいます。ボルドーの赤が代表です。さわやかな白ワインはライトボディです。

「凝縮感」はワインを口に含んだときに感じられる果実味の豊かさや味わいの深み。「凝縮したワイン」というのはポジティブな評価で、味わいだけでなく、色調も、香りも凝縮しています。

でも、出汁《だし》と同じで、強く抽出すればいいわけではない。うまみと一緒に雑味が出ては台無しです。原料のブドウが凝縮していれば、煎茶のようにぬるめの温度で煎じても、おいしくて上品なワインができます。そのために、ブドウの房の剪定《せんてい》や間引きは欠かせません。たくさんの房にエネルギーが分散しないよう、房数を絞り込むのです。

口中での質感と飲んだ後の余韻も大切

一気に詰め込んで疲れましたか。もうちょっとの辛抱です。

大切なのは「甘酸渋苦塩」の５つの要素からなる味わいに、ヴォリューム感と凝縮感を合わせたバランスです。赤ワインなら、タンニンに見合う果実味がないと、渋みばかり目立つ。凝縮感が強くても、それに見合う酸がないとくどい。白ワインは酸味と凝縮した果実が調和していれば、飽きがこずにスイスイ飲めます。

バランスがとれていれば、ワインがまろやかに感じられます。まろやか、硬い、おおらかなどの「質感」も、慣れてきたら意識してみましょう。食べ物もそうですが、口にいれたときの質感は、おいしいさを判別する重要なポイントです。

最後は「余韻」。ワインを飲み込むと、香りや味わいが口中に残ります。その余韻がすぐに消えるワインもあれば、長く続くワインもある。余韻が長いのはいいワインです。偉大なワインになると、すぐに口を開いて話すのが惜しいくらい、息が長く芳香で満たされます。

ボディはアルコールを添加して人工的に作れますが、余韻を作るのは無理。余韻の長さは高品質の証しです。

これまで述べた6つのポイントを、ワインを口に含んでいる10秒から15秒の間で判断します。長く含んでいると感覚が鈍り、わからなくなってくる。疲れたらいったん飲み込んで、再びトライします。

同時にいくつもの要素をチェックするのは簡単ではありません。飲むたびに、1つでも2つでも感じ取れればしめたもの。意識的に続けていけば、香りや風味がつかめ、その引き出しが増えていきます。

最初から、テイスティングの名人はいません。テイスティングの説明は難しくて頭に入らない……という方もいるでしょう。そんな人は斜め読みしておいて、なにかひらめいた瞬間に戻ってくればいい。それくらいの軽い気持ちでトライしてください。

アプリ「Vinica」でテイスティング名人になろう

テイスティングが難しいのは、自分の表現が正しいのかどうかわからないこと。最初はだれも自信がありません。ワインスクールやセミナーに通って教わる人の気持ちはわかりますが、最後は1人で自分に向き合わないとものになりません。スマホのアプリを使って独学してみましょう。

オススメのアプリは2つ。「Vinica」と「Vivino」です。Vivinoはユーザー数の多い世界的なアプリですが、英語がベースなのでちょっと使いにくい。日本語に対応している完全無料のVinicaの方が、皆さんにはとっつきやすいでしょう。

使い方は簡単。アプリをダウンロードして、まずアカウントを作成する。右上にあるカメラマークを押して、「写真を選択」画面で「ラベル」を選択。カメラでワインのラベルを撮影する。画像認識の能力がスグレモノ。すぐに該当するワインを探してくれます。

「ワインを評価」の画面に進み、まず5点評価でワインを評価しましょう。最初は評価基準がわからないでしょうから軽いノリで。すぐ下に「飲んだ感想」を書き込む欄がありますが、これはひとまず後回し。

「テイスティングメモ」というコーナーに、「味わい」や「香り」などの項目があり、選択肢から選ぶ仕掛けになっています。

「味わい」には、先ほど説明したような「ボリューム」「甘み」「果実味」「渋み」「酸味」などの要素があります。その程度を選んで決定します。

「香り」はワインに対応しそうな果物、植物、ハーブ、スパイスなどの画像から選ぶ仕組み。簡単です。思いつくものを選んで決定します。

香りと味わいの印象がまとまったら、「飲んだ感想」を書き込みましょう。外観から、香り、味わいをさらって、余韻まで。それまでに選んだ要素を思い出して、場合によっては訂正しながら、コメントをまとめます。

自分の言葉で書くのが大切です。そうしないとコメントが自分のものにならない。繰り返すうちに、コメントの作法が身につきます。

「飲んだ日」や「ヴィンテージ」も書き込めます。「詳細メモ」には買った日、飲んだ場所、価格、インポーターなども記録できる。料理の写真も一緒に記録できます。

「投稿を完了」をクリックするとおしまい。あなたのコメントが世の中に流れます。

他人に見られたくなければ、「投稿共有設定」で「プライベートで投稿」をONにしておけばいい。自分の投稿記録は「セラー」で振り返ることができます。

ゲーム感覚で片手で操作できます。野球やテニスは素振りを続けると型ができる。継続すれば、意識しなくても、自然にテイスティングの流れができます。30年前、ノートに手書きしていた私にとっては、夢のように簡単で、便利です。

このアプリが役に立つのは、自分の飲んだワインについて、他人のコメントが読めること。最初は不安です。シャブリを飲んだ時に、酸味が「まろやか」寄りなのか、「シャープ」寄りにすればいいのか。赤ワインの香りが「ラズベリー」「ブルーベリー」「ブラックベリー」のどれに近いのか。

大勢のユーザーのコメントを読むうちに、自分がポイントをついているかどうかが見えてきます。マニアのディープな投稿もあふれています。

Vinicaは愛好家のデータベースとなっています。検索によって、ワインを探したり、購入したりすることもできます。検索はパソコンやタブレットの方が便利でしょうが、手がかりにはなります。

SNSの機能も備えています。気に入った投稿に「いいね」したり、コメントしたり、フォローしたり。それがきっかけとなって、リアルなワイン仲間になれるかもしれません。何度も言っているように、ワインはソーシャルなお酒です。一緒に飲む人が多いほうが楽しいに決まっている。仕事や私生活では出会えない人々と知り合いになれるのもワインの効能の1つ。アプリはその水先案内のツールです。

SNSでワイン好きや生産者とつながろう

アプリに慣れたらSNSにも手を出しましょう。

SNSにはうんざりしている方も、毎日のように投稿している方もいるでしょう。だまされたと思って、ちょっとさわってみてはいかがですか。書き込まなくても、閲覧だけでいい。テレビと同じ。勝手に情報が流れてくる。使える情報が結構、あります。

Facebook、Twitter、Instagram。とにかく情報が速い。

新型コロナウイルスでステイホームしていた数か月間、パソコンにしがみつく暮らし

（今もそうですが……）を送って、改めて感じたのはネットのフラッシュ・ニュースの速いこと。正確さと深さは別として、朝刊を開くたびに、既視感を感じることが多かった。新聞社で30年も働いた人間としては、複雑な気分になりました。

有料化に成功したニューヨーク・タイムズは、デジタル関連の売上高が、紙媒体を上回っています。ワインの世界も5年以上前から、デジタルメディアに流れが移っています。ジャーナリストが産地で取材して、間をおかずに投稿するのが当たり前になりました。

ワインに関連する情報を、生産者、ジャーナリスト、ソムリエ、愛好家たちがSNSを通じて発信しています。そこからブログ、雑誌の記事、ニュースなど、多彩なメディアにアクセスできます。

私がもっぱらフォローするのは、世界の生産者、ジャーナリスト、メディアですが、国内でも、追いきれないほどの情報の海です。造り手の近況、収穫の状況、新しいトレンドなど、まじめな情報だけでなく、新しいレストランの開店、イベントやセールス、ワイン会などのお役立ち情報も、いつのまにか流れてきます。

簡単に会えない人とつながれる

Ｔｗｉｔｔｅｒはスピード重視です。出会い頭のニュースがあふれています。Ｆａｃｅｂｏｏｋはテキストが中心。造り手が本音をもらしたり、ジャーナリストが発見したワインや試飲レポートなどを発信しています。お勉強的な内容だけでなく、お買い得な情報や好奇心を駆り立てるレポートも流れてきます。

海外の生産者が熱心なのがＩｎｓｔａｇｒａｍ。シャンパーニュのルイ・ロデレールというメゾンで栽培と醸造の責任者を務めるジャン・バティスト・レカイヨンやブルゴーニュのミクロネゴス・マーク・ハイスマは友人ですが、忙しい仕事をぬって投稿しています。収穫期の短い動画は貴重な記録です。畑の風景や、発酵の様子が手に取るようにわかります。現地に行きたくなるのは間違いない。

少し興味がわきましたか？

ひとまず、面白そうな人に「いいね」するところから始めてはどうでしょう。ＳＮＳでは思わぬ人と友だちになれます。

リアルな世界と違って、簡単に会えない人とつながれるのが、ＳＮＳのいいところ。現実世界と同様に、適度な距離感は必要ですが、知り合いが増えれば、知識を蓄積できる。情報が増えるほど、もっと知りたくなる。ワインは知的好奇心をそそる飲み物です。

オンライン飲み会は情報の宝庫　ワイン好きは教え好き

ネットでワイン情報にアクセスするのに慣れたら、次はオンラインで飲み会に参加してみましょう。響きは大げさですが、いつもの飲み会をネットを通じてやるだけ。スマホやタブレット、パソコンを持っていればだれでもできます。

InstagramやLINEでも行えますが、とりあえずポピュラーなZoomアプリを前提に話を進めます。Google MeetやMicrosoft Teamsなど似たようなツールはありますが、Zoomが最も安定していて、簡単に参加できます。

Zoomは新型コロナウイルスで一気に広がったアプリです。パソコンやスマホを使って、セミナーやミーティングをオンラインで開けます。

リアルのセミナーは、メールやファックスで申し込むと、主催者から招待状が届いて、会場で聴講しますよね。Zoomはそれをオンラインで行うために開発されました。主催者から招待用のURLやミーティングIDが送られてきて、それを入力してセミナーやミーティングに参加します。ミーティングが飲み会でも構いません。

「Ｚｏｏｍ」をグーグルで検索すると、使い方の情報があふれています。ここでは最低限の心得と活用法を紹介しましょう。

まず道具。ネットにつながるノートパソコン、タブレット、デスクトップパソコン、スマホ。これらのどれかで、〝テレビ電話〟の機能を使って、飲み会をします。ウェブカメラのついていないデスクトップの場合は、外付けの装置を買う必要があります。

参加するのは簡単。主催者から送られてきたＵＲＬをクリックすると、Ｚｏｏｍがダウンロードされ、画面に参加者の顔が映っています。

カメラ映りが気になる方はライティングを工夫してみてください。クリップ式のライトでもいいので、影がでないように顔にあてると、見栄えがよくなります。

「コンピューターでオーディオに参加」というボタンが出てきたら、クリックします。パソコンに付いているマイクやスピーカーを使うという意味です。これで動画を映したままで会話ができます。

リアルなワイン会よりいいのは、適度な距離感があることです。「ワイン会の流儀」はステップ５で説明しますが、ちょっと緊張を強いられます。ワインの持ち寄りが普通なので、値段や格を気にしてワインを選ばないといけない。おうち飲みワイン会なら、自分の好きなものを飲めばいいから気楽です。

飲み会の常として、いろいろな人がいます。知り合い同士ならいいのですが、それでは思わぬ発見や出会いも少ないでしょう。初対面の相手も恐れずに。ワイン自慢を延々と聞かされると、なかなかつらいものですが、Ｚｏｏｍ飲み会はいつも顔が映っているため、バランス感覚が働くのか、場を独り占めする長口上は出にくいようです。

ワインが好きなだけで人の輪が広がる

ワイン会は情報の宝庫です。知らないことは何でも聞きましょう。画面下に表示される「チャット」をクリックすれば、メッセージ機能を使って質問できます。メールと同じ感覚で、あまり恥ずかしさを感じないでしょう。

周りの人を気にしすぎないこと。日本人は場の空気を読むのに敏感すぎます。生産者や産地の名前を知らなくてもいいんです。

世界的に有名なソムリエや生産者はよく言います。ワインのことを知れば知るほど、自分がいかに知らないかに気づくと。親切に教えてくれる人は必ずいます。ワイン好きな人はたいてい、教えるのが好きな人です。

Ｚｏｏｍ飲み会をすると、自分の感じ方が正しいのかを確認できます。

そのためには、同じワインを飲む必要がありますが、このワインに際立った酸があるのは造り手が優れているからなのか。産地の標準より濃厚なのか、淡白なのか。気に入ったけど、似たような造り手はほかにいないのか……。

人の輪が広がります。仕事も住まいも違っていても、ワインが好きという点だけで、付き合いが広がるのがワインのいいところです。

Ｚｏｏｍ飲みで悩むのは、長丁場になってしまうことでしょう。時間の感覚が薄れて、いつしか3時間たっていたりします。ペースがつかめずに、飲みすぎてしまうこともあります。最も困るのは、その場から抜けにくいこと。

リアルな飲み会なら、「そろそろ電車の時間が」と言って消えられるのに、それがしにくいのです。これは勇気を出して、「退出する」をクリックするしかない。だれも追いかけてきたりしませんから。

気楽に学べるフリーのお勉強サイト

●「エノテカ　ワインを学ぶ」
https://www.enoteca.co.jp/article/archives/category/knowledge/
輸入商社の販売サイトの一部。豆知識満載で楽しい。

●「ワインオープナー」
https://wine.sapporobeer.jp/
サッポロビールが運営。基礎知識から料理との相性、インタビューまで。

●「サントリー　ワインスクエア」
https://www.suntory.co.jp/wine/
Q&Aや用語辞典、ワインと合うレシピなど基本情報が充実。

●「ワインアカデミー」
https://www.kirin.co.jp/entertainment/wine_academy/
キリンが運営。基礎知識、ペアリング、トリビアなどを網羅。

●「Ｃａｖｅ」
http://cavewine.net/contents/
教本やワインスクールでは学べない旬の情報や疑問を消費者目線で切る。

ステップ

3

★★★

試飲ワイン 8本

糖分添加のないカバ
柔らかくキレがある

〈No.25〉

スリオール　カバ・レセルバ
ブルット・ナトゥレ

Suriol Cava Reserva Brut Nature

産地	スペイン　カタルーニャ州
ブドウ品種	マカベオ40%、チャレロ30%、パレリャーダ30%
参考上代	2400円
輸入元	ウミネコ醸造　TEL 03-6278-8306

スペインの星付きレストランに行くと、食前酒はほとんどカバです。地酒ですから。立ち呑みバルでもよく飲まれている。カバの世界はいまエキサイティングです。カバの規定から外れてでも、個性的なスパークリングを出す家族生産者も登場しています。そうしないとシャンパンには追いつけません。隠れた才能が眠っています。スリオールもその1つ。1900年代からブドウ栽培を続け、カバを瓶詰めし始めたのは80年代後半。オーガニック認証を取得しています。

すがすがしい酸、活力がみなぎっています。青りんご、ライム、熟した洋ナシ、ナッツの香りが香ばしい。軽やかに躍動し、キレがいい。ブルット・ナトゥレとは、瓶詰め時の糖分添加を行っていないという意味。シャンパンではノンドゼと言います。硬くて、厳しくなりがちですが、日照が強くて熟しているので質感が柔らかい。瓶内熟成が15か月間と、シャンパンより短いので複雑性ではかないませんが、食前酒や魚介料理にゴクゴク飲んでもいい。懐に優しい泡です。

天才醸造家が造る
毎日でも飲みたいお値打ち

〈No.26〉

ボデガス・フロントニオ
エル・カセテロ　マカベオ　2018

Bodegas Frontonio El Casetero Macabeo 2018

産地	スペイン　アラゴン州
ブドウ品種	マカベオ
参考上代	2200円
輸入元	ウミネコ醸造　TEL 03-6278-8306

ワイン業界にマスター・オブ・ワイン（MW）という最高峰の資格があります。30か国に４０９人しかいない権威です。フロントニオのフェルナンド・モラもその１人。悪名高い難しい試験に一発で合格した天才的な醸造家です。気さくな30代の彼が、スペイン北東部のカタルーニャに接する故郷アラゴン州で造るワインがこれ。標高の高い北向きの涼しい斜面で灌漑《かんがい》せずに、オーガニックで古木を栽培しています。ほかのワイナリーに間借りして造る手造りワイン。高品質にもかかわらず、価格は信じられないほど安い。

　マカベオはカバや白ワインに使われる芳香豊かな品種。レモンとオレンジをかけ合わせたマイヤーレモン、ミント、ジンジャーの香り、鮮やかな酸に目を覚まされ、純粋で透明感のある果実味に心躍ります。冷涼感が心地よい。ほのかな苦みと塩気があり、フルーティな香りをフレッシュに包んでいます。お金をかけなくても、才能さえあればいいワインはできる。毎日でも飲みたいお値打ちワインです。

世代交代で原点に回帰
フレッシュなリオハ

〈No.27〉

アルトゥケ　リオハ　2019

Artuke Rioja 2019

産地	スペイン　リオハ
ブドウ品種	テンプラニーリョ、ヴィウラ
参考上代	2260円
輸入元	ウミネコ醸造　TEL 03-6278-8306

世代交代によって若者たちが新たな動きに走るのはどこの伝統産地も同じ。リオハでも小さな生産者たちが「リオハン・ロール」というグループを作りました。そのリーダー格がアルトゥケのアルトゥロ・ド・ミゲル。「月に1度は集まって酔っ払っている」と笑いながらも、ブルゴーニュ、ボルドー、ローヌを10回以上訪ねて、人気産地から学んでいます。アルトゥロの父はワインを樽で大手生産者に売っていたが、リオハ大学で学んだ彼は、自家元詰めを始めました。

リオハというと、樽で長期熟成する重厚な味わいをイメージしますが、これは違います。ボジョレー・ヌーヴォーで用いるマセラシオン・カルボニックを取り入れ、フレッシュに仕上げている。果実味が口の中で弾ける。砕いたラズベリー、ブルーベリー、オレンジの皮、ジューシーで、酸とタンニンがきれいに統合されています。リオハで昔から造られていた早飲みスタイルを復活させたのです。温故知新で原点に帰る。新鮮な発想の新鮮なワインです。

あっという間にグラスが空
古木のガルナッチャ

〈No.28〉

ボデガス・サン・アレハンドロ　バルタザール　グラシアン　ガルナッチャ　ヴィナス・ヴィエハス　2017

Bodegas San Alejandro Baltasar Gracian Garnacha Vinas Viejas 2017

産地	スペイン　アラゴン州
ブドウ品種	ガルナッチャ
参考小売価格	2000円
輸入元	日本酒類販売　TEL 0120-866-023

スペインはいま最もエネルギッシュな生産国の1つです。フランコ体制時代に抑圧されていた活力が解放され、本来の力を取り戻しています。ワイン生産の可能性は本来、イタリアに負けないほど高い。貧しかったので農薬を使う余裕がなく、はなから有機栽培です。各地で土着品種から安価で優れたワインが生まれています。ガルナッチャはフランス・ローヌではグルナッシュと呼ばれます。発祥の地アラゴンで造られるワインに世界の注目が集まっています。

サン・アレハンドロは150軒の農家が加盟する協同組合。標高1000メートルを超す丘陵地から造られます。「ヴィナス・ヴィエハス」とは古木。樹齢は60年超。ブラックベリー、チェリーコーク、黒鉛、ガルナッチャはくどくなりがちですが、15％のアルコール度を感じさせない冷涼感がありま す。豊かな果実味がありながら、すがすがしさを秘めている。焼きっぱなしの肉に合わせて飲んでいると、グラスがあっという間に空になってしまう。困りものです。

魚介に合う
トレンディな緑のワイン

〈No.29〉

ジョアン・カブラル・アルメイダ
カメレオン　アルバリーニョ　2017

Joao Cabral de Almeida Camaleao
Alvarinho 2017

産地	ポルトガル　ヴィーニョ・ヴェルデ
ブドウ品種	アルバリーニョ
小売価格	2500円
輸入元	オーデックス・ジャパン　TEL 03-3445-6895

アルバリーニョはトレンディな白ブドウ。世界の先端のワインバーで使われています。湿度の高い海沿いでも育ち、ミネラル感に富む味わい。海外では魚介に合うワインとして、シャブリより人気が高い。スペイン・北西部のガリシア州と、国境をまたいで南に接するポルトガル・ミーニョ地方で成功しています。ポルトガルではヴィーニョ・ヴェルデと呼ばれる。「グリーン・ワイン」の意味です。

生き生きしていて、貝殻をこすり合わせたようなミネラル感、青りんご、ジャスミン、エストラゴン、ピンと張った酸が口中に広がり、リフレッシュしてくれます。アルコール度は13%。軽やかな口当たりですが、骨組みはしっかりしています。ミュスカデより厚みがあり、シャブリよりフルーティです。海に近いので潮風でそのままブドウを洗ったような味わい。生魚よりオリーブオイルを使う魚介のアヒージョに合いそうです。飲み頃の温度になると黄緑色のカメレオンが青色に変わる。シャレてます。

なめらかなタンニン オレンジワインの入門編

〈No.30〉

ギウアーニ　ルカツィテリ・クヴェヴリ　2018

Giuaani Rkatsiteli Qvevri 2018

産地	ジョージア　カヘティ
ブドウ品種	ルカツィテリ
参考小売価格	2400円
輸入元	ディオニー　TEL 075-622-0850

ワイン発祥の地ジョージアで、土着白ブドウのルカツィテリから造るオレンジワインです。果汁を発酵させる白ワインは澄んでいるのが普通ですが、これは果皮や種を漬け込んで発酵する。昔ながらの方法です。オレンジの色調を帯びて、タンニン分を多めに含むワインとなります。赤と白の中間を行く味わいです。発酵に使うのはクヴェヴリという素焼きの甕です。同じ手法で造るオレンジワインが世界に拡散中。イタリア、スペイン、フランスだけでなく、新世界のオーストラリア、カリフォルニアでも造られています。

ギウアーニは起源がわからないほど歴史の古い造り手。カヘティは国の東端にある産地で、ルカツィテリは同国の代表的な3品種の1つです。緑茶、ビワ、柿を思わせるタンニンが口を引き締め、白コショウのようにスパイシーな余韻がジリジリと続きます。オレンジワインはタンニンがきれいに調和しているかどうかがポイント。これはなめらかに統合されている。オレンジワインの入門編にぴったりです。

コラム

ワインの色は何色ありますか?

白、ロゼ、赤だけだと思ったら違います。

オレンジワインは世界的にトレンディ。果皮と種を漬け込んで醸す期間によって、オレンジの色調が変わります。期間が長いと、熟成した白ワインやシェリーのように琥珀色(アンバー)に近くなる。ジョージアでは、「アンバーワイン」と呼びます。

ポルトガルの「ヴィーニョ・ヴェルデ」は文字通り、「グリーン・ワイン」です。若いうちはほんのりと緑色を帯びています。若々しくてフレッシュ。完熟前のブドウから造り、アルコール度は控えめ。微発泡を帯びているものも多い。

米国でグリーン・ワインという時は、別の意味を含んでいます。オーガニックワインなど、環境に配慮したワインを指します。細かいことをいうと、オーガニック栽培のブドウで造るワインと、オーガニックワインは規定が違っています。

忘れてならないのは、「イエロー・ワイン」です。スイスに近いフランス北東部のジュラで造られる「ヴァン・ジョーヌ」を指します。直訳すると黄色のワインです。サヴァニャン種から造られる白ワインですが、樽に入れたまま放置します。産膜《さんまく》酵母が皮膜を造り、適度に酸化することで黄色の色調と独特の風味が生まれます。

純粋で透明感
和食にピッタリの白

〈No.31〉

マルクス・フーバー グリューナー・ヴェルトリーナー フーゴ 2018

Markus Huber Gruner Veltliner Hugo 2018

産地	オーストリア　トライゼンタール
ブドウ品種	グリューナー・ヴェルトリーナー
小売価格	2300円
輸入元	オーデックス・ジャパン　TEL 03-3445-6895

ヨーロッパ中央部に位置するオーストリアは、日本でもっと注目されていい生産国です。作付面積の3割を占めるグリューナー・ヴェルトリーナーは、和食に最も合わせやすい白ワインの一つです。純粋な果実と香り高さ、ドイツのリースリングより高い糖度まで上がります。3つの生産地域が、細かく分かれているので、全体像を理解するのはちょっと厄介ですが、几帳面な国民性もあって品質はおしなべて高い。一度はトライしてほしいワインです。

マルクス・フーバーは北東部のニーダーエスターライヒ州のドナウ川流域で、4世代にわたってワイン造りを続ける有望な生産者。緑が基調のすっきりした瓶から受ける印象通りのフレッシュな味わいです。ライム、青りんご、フレッシュなハーブ、抑制されていて、鉱物的なニュアンスがあります。塩気を帯びた味わいのイージー・ドリンキングなスタイル。透明感があり、純粋。天ぷらや塩の焼き鳥の「素《す》」のおいしさを邪魔せずに引き立てます。

赤ワイン向け土着品種から老舗が造る気軽な泡

〈No.32〉

キリ・ヤーニ　キュヴェ・スペシャル・ブリュット・スパークリング

Kir-Yianni Cuvee Speciale Brut Sparkling

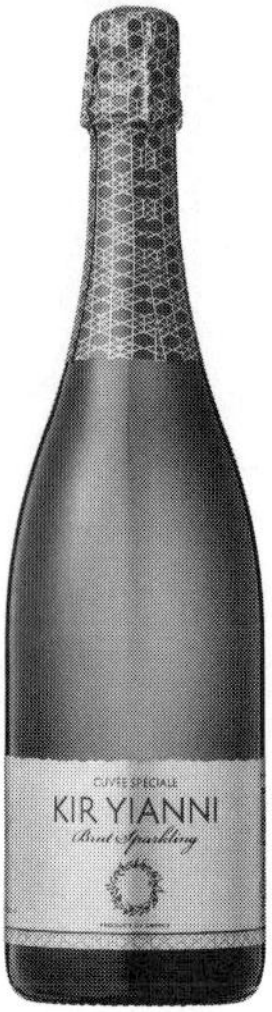

産地	ギリシャ　マケドニア
ブドウ品種	クシノマヴロ50%、シャルドネ40%、モスカート10%
希望小売価格	2100円
輸入元	モトックス　TEL 0120-344101

ギリシャというと、エーゲ海の島々や神殿を思い浮かべるでしょうが、ワイン産地としての歴史は古い。ワイン造りはギリシャからアドリア海を横切ってローマ帝国に伝わりました。土着品種が多彩な国で、ワインを探索し始めると奥が深い。まずは代表的な品種クシノマヴロをつかまえましょう。イタリアのネッビオーロと性格の似た厳格な黒ブドウです。それをスパークリングワインのメインにしたのがこのワインです。瓶内ではなく、ステンレスタンク内で二次発酵させるシャルマ方式で造られています。

淡いレモンイエロー、黄色の花、柑橘、青りんご、アーモンド、泡は適度に細かく、ほのかにタンニンが感じられます。ほろ苦みとかすかな甘みが入り交じり、クシノマヴロの個性が表れています。ギリシャの内陸部マケドニア地方は地中海とは全く異なる冷涼な気候ですが、果実はよく熟しています。キリ・ヤーニは歴史ある家族経営の大手生産者。伝統に立った上で技術を駆使した気軽なスパークリングです。

ステップ

4

★★★★

上級者のために
料理とワインの合わせは難しくない
目指せペアリングの達人

香りや味わいを言葉で表現できるようになったら、あなたはもう上級者の入り口に差し掛かっています。最後の壁は料理に合わせたワイン選びです。ステップ1では、最初は気にしなくて大丈夫、と言いましたが、ある程度まで上達すると、避けて通れません。ツボにはまった時の喜びは、ほかには変えられないものです。

ワインは料理とセットになって発展してきました。フランスワインが世界で最高の地位にあるのは、各国にフランス料理が輸出されてきたからです。王室や元首の晩さん会の標準がフランス料理なので、フランスワインを合わせるわけです。

ワイン産地の人は、地元の食材から造る料理を、地元産のワインで楽しみます。不思議なことに、同じ土地から産する料理とワインはよく合うのです。空も風も土地も同じだからでしょう。ワインを水代わりに飲むのは、ミネラル・ウォーターより安い地酒の方が料理を引き立てるせいもあります。

ワインはウイスキーのように単体で飲むものではない。食中酒です。食中酒とは料理と合わせて楽しむお酒のこと。食前酒は食事の前に飲んで、食欲を増進させるもの。代表はシャンパンです。食後酒はポートワインやブランデーが代表格。消化を促進しながら、食事の余韻を楽しみます。

ワインは食事の席でワイワイやりながら楽しむお酒です。普段の食卓に、気軽にワインを取り入れましょう。和食とワインも意外に相性がいいのです。

ワインを開けると、欧風なおつまみや料理と一緒に飲むべきだと、堅苦しく考える方が多いかもしれません。チーズや生ハム、グラタンなど、毎日の食卓にのぼらない食べ物のことです。冒頭で紹介したレストランの惣菜や料理をテイクアウトする人もいるでしょう。それはそれでいい。日常から離れた特別感があって、ワクワクする瞬間です。

でも、ワインは既に暮らしに溶け込んでいます。ほんの20年前まで、映画やドラマに登場するお酒はウイスキーやビール、日本酒でした。現代のドラマではワインが出ない方が珍しい。日本語のロックははっぴいえんどから進化して、J－POPになりました。日本語とロックの組み合わせに違和感を持つ人はいないでしょう。ワインも普段の料理やおつまみに合わせてみませんか。

コンビニには多くの冷凍食品や惣菜が売っています。仕事帰りに買って帰り、1杯のワインと合わせてくつろぐ。それでもいいんです。現代のコンビニはあなどれません。ウイスキーやブランデーは沈みこんでいくようなグルーヴですが、ワインは高揚感を伴うポジティブなグルーヴを生み出します。

ワイン入門書やワインスクールの教本には、古典的なペアリングの例が紹介されています。フォアグラとソーテルヌ、子羊とボルドー、鴨とブルゴーニュといったものです。これはこれでいいのですが、ほとんどがレストランで生まれた定番の方程式です。レストランではソムリエがサービスしてくれます。我々はプロの職人に任せておけばいい。方程式を覚えたところで、あまり使い道がありません。ここで紹介したいのは、どんな料理と合わせる場合も役に立つ基本的な組み立て方です。

ワインと料理が合うと、よく言いますが、その多くは感覚的なものです。背景には何がしかの理屈があります。その理屈を身に着けようというのがステップ4の狙いです。基本的な仕組みを理解して、応用できれば、おうち飲みに役立ちます。原理がわかれば、ペアリングはそれほど難しいものではありません。視界がどんどん広がり、楽しくなってくるのは間違いありません。

魚に赤ワインでも悪くない　簡単な原則は色合わせ

「肉には赤、魚には白」という話を聞いたことがあるでしょう。これは古いフランス料理の話で、単純すぎて役に立ちません。今では1皿に魚と肉を両方とも使う料理も珍しくない。中華料理は最初から肉と魚がごった混ぜです。

ステップ1で話したように、簡単な原則は色合わせです。同系色のワインと料理を合わせれば、大きくはずすことはありません。

中華料理であれば、豆鼓《トウチ》やオイスターソース（牡蠣油）で炒める茶色を帯びた料理には赤ワインです。白湯《パイタン》を使う白っぽい料理なら白ワイン。使っているスパイスや素材でも変わりますが、基本的にはそうとらえて間違いありません。

焼き鳥も塩で焼いた正肉やぼんじり、皮なら白、タレで焼けば赤です。レバーは元々が赤い色なので、塩でもタレでも赤です。

刺し身の場合、タイやヒラメなど白身なら白ワインが合うし、マグロやカツオのような赤身なら赤ワインでもいけます。いけますと言ったのは、赤ワインなら何でも合うわけではないからです。タンニンが強すぎる赤ワインは魚の繊細な風味を隠してしまう。色の淡い軽やかな赤や、辛口のロゼなら魚を引き立てます。

スパークリングワインは黄金色。白っぽい料理向きだけれど、黒ブドウで造るブラン・ド・ノワールやロゼなら赤身肉の料理でもいけます。泡と酸が脂肪分を切って、口の中をリフレッシュさせてくれるからです。

スパークリングは、料理を選ばないオールマイティなワインです。白身魚も、穴子も、赤身も出てくる寿司屋に向いています。寿司屋によくブルゴーニュを持ち込んでいる人がいます。シャブリを除けば、バター風味のあるシャルドネも、ベリーの香りが基本のピノ・ノワールも相乗するとは思えません。

ただ、最後は飲み手の好みです。特級畑の高価なピノ・ノワールで、お寿司を楽しみたい。そう思うならそれは自由です。白木のカウンターに赤いしみをつけない気配りさえあれば、職人さんも歓迎してくれるでしょう。

あらゆる評論の分野で最も強大な影響力を有するといわれたワイン評論家ロバート・パーカーが、10年以上前にニューヨークの三つ星寿司「MASA（雅）」に大量のワインを持ち込んで食事した記事を読みました。

ここのディナーは現在、税抜きで一人595ドル。飲み物とチップを合わせると1人10万円は軽く超す。ニューヨークで最も高価な飲食店といわれています。彼が持ち込んだのは好きなローヌのシャトー・ヌフ・デュ・パプの赤やカリフォルニアの濃厚な白でした。どう考えても合わなさそうですが、寿司好きのパーカーは大喜びでした。

最後は飲みたいものを飲む。これも1つの原則です。

連想ゲームで生産国の代表料理や食材と合わせる

2番目に簡単なのは産地を合わせることです。より正確に言うと、ワインと産地の郷土料理を合わせましょう。

そうは言っても、郷土料理を知っている方は多くないでしょう。ワインを産する国の代表料理や食材を合わせていけばいいんです。

ちょっと楽しいですよ。連想ゲームみたいなものです。行き詰まったら、スマホで何でも検索できる時代。お遊び感覚でトライしてください。

例えば、コンビニで冷凍ナポリタンを買ったとしましょう。最近の冷凍食品は、スーパーの惣菜よりもおいしかったりする。赤いパスタだから、イタリアの軽めの赤ワインでいい。鉢植えでバジルやイタリアンパセリを栽培しているなら、それらを添えることでもっとイタリアに近づけます。

ナポリタンはオリーブオイルの代わりにバターで炒めて作ったなんちゃってパスタです

が……イタリアといえば、トマトが基本の食材だから接点はあります。トマトを使った料理はとりあえず、イタリアワインと覚えておけばいい。

イタリアワインがなければ、南フランスかスペインの赤でもいい。共通項はオリーブオイルです。オリーブの木が育つ地中海沿岸のワインは、オリーブオイルに合います。現地では、オリーブオイルで野菜を煮込んだり、肉を焼いたりしているのですから。

次は冷凍ピラフです。フランス料理の付け合わせにも使われます。ポイントはバターの香り。フランスのまろやかなシャルドネや、カリフォルニアのこってりしたシャルドネに合います。どちらにも、醸造の過程で生まれるバターっぽい風味があるからです。

肉まんや餃子。コンビニやスーパーならどこでも置いてあります。あいにくと中国ワインはあまり日本に入っていません。似たような料理を考えてみると、思い当たるのはイタリアです。点心類はラビオリと同じような造りで、肉や魚を小麦粉で包み込んでいる。イタリアの白といきたいところですが、赤でもいけます。

イタリアは海のものも山のものも豊富ですが、普通のイタリア人は魚料理でも赤ワインを飲んでいます。シチリアは魚介料理がおいしくて、日本人には天国のような場所ですが、だれもが赤ワインを飲んでいました。

和食となると、やはり日本ワインが万能です。甲州種から造る白ワインは味噌や醤油を使う素朴な料理と好相性です。

料理の質感や重さをワインとそろえよう

次は少し階段を上がります。頭で考える部分が入ってきます。

ワインと料理の重さや質感を合わせましょう。

これは読んでいるだけでは想像しにくいかもしれない。自分でやってみればすぐに納得できるでしょう。

牡蠣を異なる調理法でシャブリとペアリングする例で説明しましょう。日本一のペアリングの達人で、ワインテイスター、ソムリエの大越基裕さんから聞いた話をベースにしています。生牡蠣、蒸し牡蠣、焼き牡蠣、牡蠣フライを想像してください。

生牡蠣の質感はツルリとしていて、塩気を帯びた、優しい味わいです。シャブリの味わいは軽やかで、酸のキレがいい。繊細で、ほっそりとした質感、潮の香りがします。質感の優しさと繊細さが引き立て合う。シャブリと生牡蠣の好相性は、昔から言われていますが、それも当然でしょう。

蒸し牡蠣にすると、質感がまろやかになり、クリーミィな口当たりが増します。牡蠣のエキスが凝縮されるので、口中で豊かな味わいがふくらみます。シャブリでも、良いヴィンテージや、1級畑など、少しクラスが上のワインでないと、蒸し牡蠣の味のヴォリューム感に負けてしまいます。

焼き牡蠣になると、水分が減ります。牡蠣に含まれるほろ苦みやうまみがさらに凝縮されます。長く火を入れると、牡蠣の燻製のような風味も生まれ、苦みも増す。スモーキーで、硬い質感と味わいの凝縮感が加わります。こうなると、シャブリも特級畑や、熟成して複雑な香りや味わいに発展したものがしっくりくる。

牡蠣フライは揚げる油を含んでいるので、食感も重くなる。レモンをよくかけるのは、酸を加えて質感を軽くするためです。もう冷涼な気候からくる緊張感をたたえたシャブリではちょっと役不足。太陽の恵みがあるコート・ドールの、骨組みがしっかりしたムルソーなどボディの大きいワインの方が相乗します。

同じ素材でも質感と重さが変わることで、料理との相性が変わるのです。

赤ワインと肉料理の組み合わせで、もう一度説明しましょう。

しゃぶしゃぶは脂を落とした薄い肉です。質感もきめ細かく、しなやか。赤ワインでもカリフォルニアやオーストラリアの骨太なカベルネ・ソーヴィニヨンだと、ワインの重厚さが勝ってしまう。果実の厚みはないけれど、繊細でうまみの豊かなブルゴーニュの方が、違和感なく合うでしょう。

分厚い牛のステーキは、しっかりと噛みしめる食べ物です。ザクザクした質感と、肉汁の広がりが、おいしさにつながっています。ワインも凝縮感があり、噛めるようなタンニンを多く含むボルドーやカリフォルニアの重厚なカベルネやシラーと調和します。

質感はワインにとって重要な要素です。

ラーメンで考えると、最初はスープの味わいや麺のコシに目が行きがちですが、何度も食べると、スープと麺と具のバランスに基づく全体の質感が気になるでしょう。こってりしているとか、あっさりしているとか、両者の組み合わせもあります。

ワインの味わいや香りがつかめたら、質感やバランスを気にしましょう。「シルキー」とか「コクがある」とか「引き締まっている」といった全体像を意識すると、ワインを深く評価できるようになります。

質感は温度によって変わります。ワインの温度を下げると引き締まり、上げるとゆるくなる。ボルドーでステーキを食べる時は、少し高めの温度がいいし、サクサクした魚介のフライを食べる時の白は冷やし目の方がいい。

ワインの質感に対して料理の質感がどうかを意識して合わせると、継ぎ目のないペアリングができます。

自分なりの方程式が作れたらあなたは上級者

ペアリングの最後に、代表的な方程式を紹介しましょう。

1　香りの似た者同士を合わせる

素材同士や調味料など接点はいろいろです。皆さんも経験があるでしょう。柚子、レモンやポン酢をかけたい料理。例えば、山菜の天ぷら、貝の刺し身、白身の焼き魚。これらは同系列の香りを持つ白ワイン向きです。ロワールの涼し気なソーヴィニヨン・ブランやミュスカデには、柑橘の香りやさわやかな酸がありますから調和します。スパークリングワインも同様です。

逆に言えば、料理に削った柚子の皮をかければ、冷涼な産地の活気ある白ワインに合わせやすい。厚揚げに柚子の皮を載せるだけで、距離がぐっと近づきます。

ブルゴーニュのシャルドネには、ナッツやバターの香りがあります。熟成に使う樽とリンゴ酸を乳酸に転換するマロラクティック発酵から生まれます。そこからイメージがわくのは、ぎんなんを入れた茶碗蒸しやクリームコロッケなど。くるみ、アーモンド、カシューナッツ……世界にある多くのナッツは、シャルドネと接点があります。

きんぴらごぼうは根菜の土臭い香りを楽しむ料理です。湿った土の香りがわかりやすいブルゴーニュなら、風味が同調します。

湿った土やキノコの香りは熟成した赤ワインに見つかります。ステーキやハンバーグなら、しいたけやまいたけのソテーを添えると、香りの相乗効果が生まれます。

ワインに秘められた香りをつかまえるのはペアリングに大切です。ソムリエたちが新しい料理に何を合わせようかと考える時に使う基本テクニックです。どんな香りに発展するかな、と考えながらワインを飲むと、料理のイメージが広がります。

2　味わいの似た者同士を合わせる

りシャブリと生牡蠣の組み合わせは質感に注目しましたが、そもそも味わいにも接点があります。両方とも塩っぽい風味を持っています。

しゃぶしゃぶをポン酢で食べると、酸のキリッとしたブルゴーニュのピノ・ノワールとしっくりきますが、ごまだれにつけると、新世界の豊かなシャルドネと相乗します。霜降り肉の脂肪のクリーミィな風味やごまのねっとりした味わいが、シャルドネのこってりとした味わいと合うのです。

和食のだしはワインとの接着剤になります。だし巻き卵やカツ丼は、ドイツのリースリングとよく合う。ほのかに甘酸っぱくて、だしからくる甘みやうまみと調和します。

スパークリングワインは、だしに似たうまみの成分を多く含んでいます。瓶の中で熟成する時に、酵母のオリからうまみ成分のアミノ酸が染み出すからです。だしをきちんととった和食はだから、ワインの友となるのです。お雑煮やおでんとも意外に相性がいいので、お試しあれ。

3　反対の性格をぶつける

こちらは逆のやり方です。塩気の強い料理と甘口ワインを合わせるような方法です。イタリアの生ハムは、ほのかな甘みを帯びたスパークリングのプロセッコでつまみます。甘みと塩味が中和するのです。塩気の強いブルーチーズとボルドーの甘口ソーテルヌの組み合わせも同じです。

タイ料理や中華料理のように、香草や香辛料を使うスパイシーなエスニック料理も、ほのかに甘いアルザスやプロヴァンスのロゼを合わせます。甘やかさとスパイシーな風味をぶつけ合うのです。

ペアリングの情報を詰め込んだので、一気に消化するのは難しいかもしれません。そりゃそうです。この世界は奥が深い。ソムリエという職業があって、世界一を決めるコンクールまで開かれているのですから。

皆さんは料理とワインの相性を合わせるのをまず楽しんでください。正解は1つではありません。思わぬ発見があります。どうしたらぴったりと合うか。それを考えるうちに、香りや味わい、バランスや質感をこれまで以上に深く理解できるようになります。

自分なりのペアリング方程式を作り上げれば、どんな料理が出てきても、自然にワインが選べるようになります。そうなったら、あなたはもう上級者です。

コラム

人工知能（AI）がソムリエに勝てるか？

面白いイベントが2019年にパリで開かれました。ワインテクノロジー企業が開発したAIが、世界コンクールで4位に入った女性ソムリエと評論家を相手に、3問のペアリングで勝負したのです。

最初は古典的な料理に合わせるワイン選び。2問目は結婚10周年の夫妻に50ユーロまでの予算で勧めるオーガニック白ワイン選び。3問目はレストランの個性や料理などを要約したワインリスト作成です。ワインに詳しい一つ星レストランのシェフや醸造家らが審査しました。

1問目と2問目は人間の勝ち。3問目はソムリエが1時間かけて作成したワインリストより、AIが数秒で作成したものが優れていました。560品目のデータベースから38銘柄を選び出したのです。これは当然でしょう。総合点はほぼ互角で、引き分けに終わりました。

ペアリングの内容はシェフらを満足させたものの、人間の持つニュアンスや情緒には欠けていました。想定の範囲内です。レストランでのサービスは、その日の天候、お客様の気分や体調など、その場で変わる要素が多い。服装や表情、仕草を見ながら、要望をくみ取るのは、やはり人間が得意ということでしょうか。

男性の常連客が訪れた場合、同伴している女性が妻の場合と若い飲み友達では、選ぶワインが違うという話はよく聞きます。どの価格帯のワインを提案すればいいか。その場の雰囲気を読み取って判断しないと、機嫌を損ねる危険があります。

高価なワインを遠慮なく開けていた企業経営者のケース。業績が傾いて、交際費を抑制する場合もあります。いつも新聞に目を通して、慎重に対処しないと、見栄っ張りの上得意客を失います。

このAIは実は、ソムリエのいないレストラン、スーパーマーケットの品揃え、オンラインショップでの特別注文対応などを想定して開発されたものです。

ワインのペアリングは、定石が蓄積されている将棋やチェスのAIのようにはいかないようです。

ステップ

4

★★★★

試飲ワイン

12本

高めの酸と塩み シュナン・ブラン入門にも

〈No.33〉

クライン・ザルゼ・ワインズ　セラー・セレクション・シュナン・ブラン・ブッシュ・ヴァインズ　2020

Kleine Zalze Wines Cellar Selection Chenin Blanc Bush Vines 2020

産地	南アフリカ　ステレンボッシュ
ブドウ品種	シュナン・ブラン
参考上代	1800円
輸入元	ラフィネ　TEL 03-5779-0127

このワインから新世界の紹介を始めます。南アフリカを新世界に入れるべきか、意見は分かれますが、アパルトヘイトが撤廃されて急速にワイン産業が発展。若い造り手たちがヨーロッパで学び、最新の技法を取り入れています。南アで最も権威あるワインガイド「プラッターズ」で21年のワイナリー・オブ・ザ・イヤーに輝いたのがクライン・ザルゼです。17世紀からの歴史を誇る老舗です。

　南アで重要なのは、ロワールが本場のシュナン・ブランと、ピノタージュ、ボルドー、ローヌ品種です。カリン、青い芝の芽、白コショウ、純粋な果実が熟していても、生き生きした酸がしっかりとあり、バランスがとれている。塩気を帯びた余韻が口中で反響します。寿司屋や日常の食卓にもっと広がっていいワインです。南アは高品質なシュナン・ブランができる唯一の新世界の国です。全土の栽培面積の2割で植えられています。手頃な値段なので、シュナン・ブラン入門にもオススメです。

シャブリを連想
南アからヨーロッパ的味わい

〈No.34〉

グレネリー　グラスコレクション
シャルドネ　2019

Glenelly Glass Collection Chardonnay 2019

産地	南アフリカ　ステレンボッシュ
ブドウ品種	シャルドネ
希望小売価格	1950円
輸入元	マスダ　TEL 06-6882-1070

　多くのボルドーの生産者が可能性を見越して、南アフリカに進出しています。グレネリーは、格付け2級のシャトー・ピション・ラランドの名声を高めたメイ・エリアーヌ・ド・ランクザン夫人の所有。ケープタウンに近いステレンボッシュの超モダンなワイナリーで、ボルドー・ブレンド、シラー、シャルドネなどを生産しています。得意はボルドー・ブレンドですが、シャルドネを紹介するのは、世界最大のワイン検索サイト「ワイン・サーチャー」が「世界で最もお買い得なシャルドネ」に選んだから。それはグラスコレクションより格上のリザーヴですが、それでも２６５０円です。

　ライムの皮、白桃、柑橘、潮風が吹いてくるような抑制されたスタイルで、南アの暑さを感じさせません。熟した年のシャブリを連想させる、際立った酸を秘めています。ワインメーカーはボルドーやカリフォルニアで経験を積んだ男ですが、ヨーロッパ的な力強すぎない味わいに仕上げています。新旧世界の境界は薄れてきています。

元気なチアガール
リフレッシュさせられる

〈No.35〉

ヴァヴァサワー　マールボロ
ソーヴィニヨン・ブラン　2018

Vavasour Marlborough Sauvignon Blanc 2018

産地	ニュージーランド　マールボロ
ブドウ品種	ソーヴィニヨン・ブラン
販売価格	2300円
輸入元	ラック・コーポレーション　TEL 03-3586-7501

ニュージーランドのワイン産業の歴史は半世紀にも満たないのに、輸出は右肩上がりです。国が振興に努め、ニュージーランド航空もワインに力を入れている。牽引役はソーヴィニヨン・ブランです。国の栽培面積の約6割を占めている。緯度の高い南半球の島国は、オゾン層が薄く紫外線が強い。ロワールとは異なるはつらつとした味わいです。私がワイナリーの庭で寝そべっていたら、人があわててとんできて、日焼け止めクリームを渡されました。

　マールボロは南島の北端にある中心産地。この地のソーヴィニヨン・ブラン人気で、ロワールの人気も盛り返したほどです。海風が強く、太陽の照る夏の昼間でも涼しい。搾りたてのレモン、パッションフルーツ、芝の青い芽を思わせる活気があり、みずみずしい酸と熟した果実味のバランスがよい。リフレッシュさせられます。だれもが好きになってしまう元気いっぱいのチアガールのようです。いくら飲んでも、飽きのこないよくできた白ワインです。

心地よい緊張感
イチゴ砕いたフレッシュ感

〈No.36〉

シャーウッド　ストラタム
ピノ・ノワール　2019

Sherwood Stratum Pinot Noir 2019

産地	ニュージーランド　ワイパラ・ヴァレー
ブドウ品種	ピノ・ノワール
標準小売価格	2300円
輸入元	GRN　TEL 03-5719-7423

南北に長く、2つの島に分かれるニュージーランドは気候が多彩ですが全体に涼しい。緯度では、フランスの裏側に当たります。冷涼な産地に向く品種が成功しています。ピノ・ノワールもその1つ。ブルゴーニュより3〜4割は安い値段で上質なピノ・ノワールが見つかります。その可能性に惹かれて、クスダワインズ、フォリウム、アーラーなど8社以上で日本人醸造家が活躍しています。

ピノ・ノワールの魅力は、香り高さ、フレッシュ感、うまみなど、一般的に「エレガント」と表現される風味です。シャーウッドは淡い色調で、イチゴを砕いたようなフレッシュな香り、ブルーベリー、ほのかにシナモン、ジューシーで、絹のような質感。タンニンはしなやかで、アルコール度は控えめです。日照が強い土地のピノ・ノワールは濃厚な風味になりやすいのですが、これは心地よい緊張感をまとっている。少し飲んで、10日間の旅から戻って飲んだら、複雑に進化していた。エキスの深みがあるワインです。

冷蔵庫に常備したい
甘酸っぱいリースリング

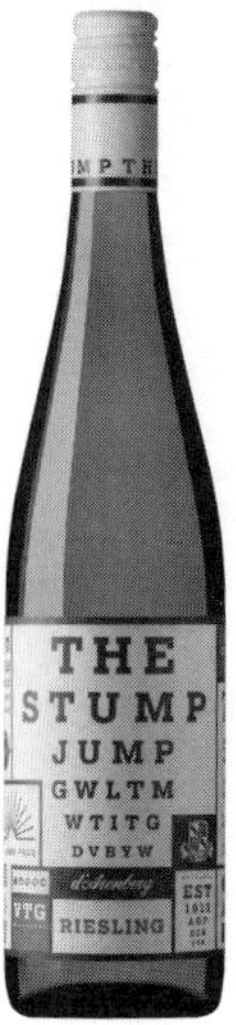

〈No.37〉

ダーレンベルグ
ザ・スタンプジャンプ
リースリング　2019

d'Arenberg The Stump Jump Riesling 2019

産地	オーストラリア 南オーストラリア州マクラーレン・ヴェール
ブドウ品種	リースリング
希望小売価格	1600円
輸入元	ヴィレッジ・セラーズ　TEL 0766-72-8680

使いでのあるお手頃な白ワインは冷蔵庫に常備しておきたい。望ましいのは横にして保存でき、酸化しにくいスクリューキャップです。アデレードの近くで造られるこのリースリングはぴったり。青りんご、ジューシーなライム、ガスを軽く残していて、口中で切りたての果実が弾けるようです。生き生きした酸とほのかな残糖のバランスがよく、ドイツのモーゼルのよう。甘酸っぱい質感の軽やかな飲み口です。軽い残糖がある中辛口を「オフドライ」といいます。これもその1つです。アルコール度は9・5%。食前や寝る前に、軽く1杯だけ飲むと、癒やされて心が休まります。

ダーレンベルグは、ローヌ品種の凝縮した赤ワインから、デイリーワインまで幅広く手掛ける造り手。オーストラリアにはこうした守備範囲の広いワイナリーが多いのです。暑い土地の濃厚な赤を想像しがちですが、海の近くや標高の高い丘陵では、冷涼感あふれる白も造られています。その多様性がオーストラリアの魅力でもあります。

引き締まったシャルドネ
1週間かけて飲みつなぐ

〈No.38〉

フレイムツリー　エンバース
シャルドネ　2018

Flametree Embers Chardonnay 2018

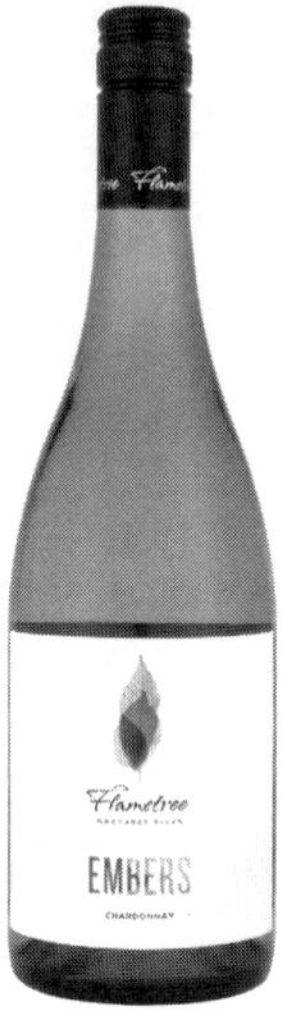

産地	オーストラリア　西オーストラリア州マーガレット・リヴァー
ブドウ品種	シャルドネ
標準小売価格	2400円
輸入元	GRN　Tel 03-5719-7423

これまたオーストラリアの既存イメージを破る引き締まった白ワインです。オーストラリアの代表産地を網羅するだけでも20本は必要ですが、日本人の舌に合いそうなワインを紹介します。オーストラリアの西の果て、インド洋に落っこちそうなマーガレット・リヴァーの若手です。ワイン造りの歴史は半世紀そこそこの土地ですが、ボルドーに似た気候で、涼しさを生かしたシャルドネも優れています。

シャルドネは気候を映すニュートラルなブドウ。前にそう言いました。オーストラリアのシャルドネは、新樽をきかせた豊かなものが多く、パイナップルやマンゴーなどトロピカルな果実の香りが出がち。一口、二口はよくても、飲み飽きてしまう。これは冷涼感をたたえた、ブルゴーニュを思わせるスタイルです。白桃、洋ナシ、メロン、質感はクリーミィで、清涼感があります。毎日、飲んでも飽きません。スクリューキャップなので、1週間かけて飲みつなぐと楽しい。最後はスモーキーになっていきます。

肉厚で豪快
オーストラリアのアイコン

〈No.39〉

ペンフォールズ　クヌンガ・ヒル・シラーズ・カベルネ　2018

Penfolds Koonunga Hill Shiraz Cabernet 2018

産地	オーストラリア　南オーストラリア州
ブドウ品種	シラーズ、カベルネ・ソーヴィニヨン
希望小売価格	2000円
輸入元	日本リカー　Tel 03-5643-9780

どの国にもアイコンとなるワイナリーがあります。フランスやイタリアは産地も多いし、歴史ある高品質ワインも多い。1つに絞れません。オーストラリアはペンフォールズで決まり。異論は出ません。英国の業界誌『ドリンクス・インターナショナル』が、バイヤーやジャーナリストの投票で選んだ2019年の「世界で最も賞賛されるワインブランド」で、トップに選ばれました。「グランジ」は死ぬまでに飲みたい世界でトップのアイコン・ワインです。

創業は1844年。ワインは4つのレンジに分かれていて、クヌンガ・ヒルは入門編です。ブラックチェリー、ブラックプラム、チョコレート、つなぎ目のないタンニンはしなやかで、凝縮された果実味に圧倒されます。シラーズはローヌのシラーと同じ。これとカベルネ・ソーヴィニヨンを混ぜるのがオーストラリアの代表的なブレンドです。分厚いTボーン・ステーキが食べたくなる豪快な味わいです。スクリューキャップで長持ちします。

冷風吹きすさぶ海岸
震えるように引き締まった白

〈No.40〉

レイダ　レセルヴァ・ソーヴィニヨン・ブラン　2019

Leyda Reserva Sauvignon Blanc 2019

産地	チリ　レイダ・ヴァレー
ブドウ品種	ソーヴィニヨン・ブラン
参考小売価格	1488円
輸入元	アサヒビール　Tel 0120-011-121

チリワインが売れるのは、関税が撤廃され安いからです。でも、ワンコインワインの原価は高く見積もっても100円です。巨大タンクにブドウを投入して、化学的に処理し造っている。品質を云々するレベルではない。チリワインのスイートスポットは1500円から2000円です。「レイダ」はそこにはまっています。産地はチリで最も冷涼なレイダ・ヴァレー。サンティアゴから南へ95キロ。畑の4キロ先に太平洋があり、冷風が吹き付ける。平均気温は22度です。

栽培責任者は畑に穴を掘って、土壌を調査し、適した品種を植え付けています。チリでトップクラスの女性ワインメーカーの腕前が加わり、体の芯まで凍りつく産地の個性をワインに封じ込めています。レモン、白コショウ、摘みたてのハーブ、生き生きした酸が躍動し、緊張感が長く続きます。果実味主体でゆるいチリワインの平均的な味わいとは一線を画す。揚げたての天ぷらや串揚げに合わせたいと妄想しつつ、震えながら飲んだのがいい?思い出です。

ブルゴーニュに負けない
透明感と緊張感のピノ・ノワール

〈No.41〉

ベティッグ　ヴィーノ・デ・プエブロ ピノ・ノワール　2019

Baettig Vino de Pueblo Pinot Noir 2019

産地	チリ　マジェコ・ヴァレー
ブドウ品種	ピノ・ノワール
小売価格	2200円
輸入元	ヴァンパッシオン　TEL 03-6402-5505

新型コロナで日本も副業ＯＫになってきましたが、海外の醸造家は昔から普通です。ベティッグの当主フランシスコ・ベティッグは、大手「エラスリス」でアイコンとなる高品質ワインを造って、チリのワインを世界地図に載せた技術責任者です。才能あふれるその男が、南極に近いチリ最南端の地で、自前ブランドのシャルドネとピノ・ノワールを造っています。値段がゆうに5倍以上するブルゴーニュの有名ドメーヌと比較試飲しましたが、ひけをとらない品質。ここ1年で最も驚かされたワインの1つです。

　真夏でも平均気温27度の地で、ミネラル感と緊張感あふれるワインをものにしている。ラズベリー、ブルーベリー、ザクロ、丸くて、流れるような質感、すがすがしい酸に縁取られ、純粋な果実は透明感に包まれています。ピノ・ノワールは、カベルネ・ソーヴィニヨンと違って、ハーブティーのように穏やかに煎じるべきブドウ。繊細さと優雅さがたまらない。チリの海沿い産地はいま、世界の注目の的です。

チリカベの王道
名門生産者のプライド

〈No.42〉

ヴィーニャ・エラスリス
エステート・カベルネ・ソーヴィニヨン　2018年

Vina Errazuriz Estate Cabernet Sauvignon 2018

産地	チリ　アコンカグア・ヴァレー
ブドウ品種	カベルネ・ソーヴィニヨン
小売価格	1500円
輸入元	ヴァンパッシオン　TEL 03-6402-5505

こちらはフランシスコ・ベティッグが、エラスリスで腕を振るって大量生産するワインです。オーナーのエデュワルド・チャドウィックは名門一族の出身で、意欲的なアイデアマンでもあります。アイコンとなる高級ワインをボルドーやイタリア・トスカーナのトップを行くワインと対決させるブラインド・テイスティングを各国で行って、打ち破り、優れた品質を証明しました。

高級ワインの生産者は誇り高い。デイリーワインにも手を抜きません。サンティアゴの北のアコンカグア・ヴァレーは、カベルネ・ソーヴィニヨンに適した産地です。丘陵地なので水はけがよい。カベルネには大切な条件です。アンデス山脈から冷たい風が吹き下ろし、昼夜の寒暖差が大きいので、酸と色が乗ります。ブラックベリーとレッドベリーが混じり、コーヒーやヴァニラの香ばしい香り、ジューシーなタンニン、カベルネ・ソーヴィニヨンの力強さがしっかりと表れた入門者向けワインです。

清涼感ありエキゾチック
高山からできる不思議な白

〈No.43〉

スサーナ・バルボ・ワインズ
クリオス　トロンテス　2019年

Susana Balbo Wines Crios Torrontes 2019

産地	アルゼンチン　メンドーサ
ブドウ品種	トロンテス
価格	1480円
輸入元	イオンリカー　TEL 047-328-6725

アルゼンチンはチリに次ぐ南米のワイン国。品質が向上中のダイナミックな産地です。２０１６年にはソムリエの世界一を決めるコンクールが開かれました。赤ワインは国際品種が中心ですが、白ワインは何と言っても土着品種のトロンテス。マスカット品種の仲間が起源で、香水に使われるムスク（麝香《じゃこう》）の芳香を含んでいる。だれもが「いい香り」と感じてしまう華やかさがある。１０００メートルを超す世界で最も標高の高い畑で栽培されています。

スサーナ・バルボはアルゼンチン初の女性ワインメーカーで、アルゼンチンワイン協会の会長を3度も務めました。「トロンテスの女王」と呼ばれています。ライムやピンク・グレープフルーツの清涼感とライチやグァバなどのエキゾチックな香りが入り交じり、ほろ苦みと塩気のある味わい。山の上だけあって、フレッシュな酸がある一方で、トロリとした口当たりもあり、不思議な感覚です。山椒やパクチーを使ったスパイシーな料理に合いそうです。

濃厚だがしなやかなタンニン
マルベックの基本形

〈No.44〉

カテナ・サパータ　アラモス
マルベック　2019

Catena Zapata Alamos Malbec 2019

産地	アルゼンチン　メンドーサ
ブドウ品種	マルベック
参考上代	1770円
輸入元	ファインズ　TEL 03-6451-1633

マルベック種はフランス南西部を起源としますが、アルゼンチンが第二の故郷です。世界の9割がこの国に植えられています。頑強なタンニンが特色ですが、標高の高い畑で、強い紫外線を受けてよく熟し、なめらかな質感になります。カテナは２０１９年のペンフォールズに続いて、20年の「世界で最も賞賛されるワインブランド」に選ばれたアイコン的な生産者。経済学者ニコラスとハーバードで学んだ医師ラウラの親娘が、土壌や標高の研究を行い、その結果を世界に発信しています。志が高く、情報をシェアしているのです。

畑名をつけた高価なワインが多い中で、アラモスはアルゼンチンのマルベックの基本がわかる入門ワイン。スミレ、ブラックベリー、ブラックプラム、ドライハーブ、しなやかなタンニン、舌をつかまえるグリップ感があります。黒みがかった濃厚な色調ですが、質感は柔らかく、スルリとのどを落ちます。アルゼンチンの夕食は毎晩のように牛肉でした。がっしりしたステーキがマッチするでしょう。

ステップ

5

★★★★★

真の上級者を目指す
ワインライフを充実
ソムリエに学び最後はワイン会を開く

世界の産地に目配りし、テイスティングでワインの性格を見抜き、料理と合わせられるようになれば、あなたはもう上級者の仲間入りです。真の上級者になるには、もう少し階段を上らないといけません。

上級者とは高価なワインを大量に飲んだ人ではない。本やネットで得たうんちくをひけらかす人でもありません。目の前のグラスの中身と向かいあって、その本質をつかめる人です。ワインショップでお値打ちワインを探し出し、レストランでスマートにワインを注文できる人です。

そのためには場数を踏むしかありません。それも漫然と飲んでいては、知識が積み重なっていきません。頭の中で、白、ロゼ、赤、スパークリング、甘口とフォルダーを作り、その中で産地別に区分けして、情報を整理しておく。飲むたびに、そのデータベースに照らし合わせると同時に、飲んだワインの情報を追加します。

幸いなことに、ネットの検索、SNSやアプリを駆使すれば、飲んだワインのおおまかな情報は手に入ります。酔っ払う前に、コメントを書きこみ、手に入れた情報をコピペしておくだけで、ずいぶんと違います。真の上級者になるには、人知れず地道な努力を続けることも必要です。

ちょっと面倒になってきましたか？上に登って、違う景色が見たければ稽古は必要です。

ワインは趣味と割り切るなら、できる範囲でトライすればいい。でも、飲めばのむほど、中途半端なままでは気がすまなくて、どっぷりと浸かっていく人も少なくない。知識がつくほどに味わいの理解が深まる。ワインは〝頭〟で飲むと楽しさが増すお酒なのです。

これまでは外出せずに、おうち飲みの流儀を磨く方法を考えてきました、踊り場を駆け上がって、もう1つ上の階に行くには、それだけでは限界があります。人に会い、話を聴き、リアルな現場を体験することで深まるところもあるのです。

ワイン会に出席し、ワイナリーを訪れて、ビビッドな情報を手に入れましょう。レストランに出かけて、ソムリエと話すと知恵が身につきます。知らなかった世界を見せてくれ、自分の立ち位置もわかるでしょう。

それらの出会いを自分の中に蓄積して、自宅でワイン会を開きましょう。ワイン会は1日限りのレストランを開店するようなものです。ワインにまつわる、あらゆる技量を動員しないと、出席者を喜ばせることはできません。その場の人々がみな楽しめなければ、あなたもハッピーにはなれません。総合力が試されます。

そうした経験を通して真の上級者になれば、あなたのおうち飲みワインライフはこのうえなく豊かなものになるでしょう。

ワイン会はワイン選びがキモ 楽しい学びの場に

愛好家が飲めるワインの量には限りがあります。体力的にも、財力的にも。それでも、飲んだことのないワインは飲みたい。ワイン会に参加するしかありません。10人いれば10種類のワインが飲めます。

まず大切なのがワイン選びです。テーマが決まっている場合はいいのですが、主催者の方と連絡して、おおまかな価格帯を聞いて、白、ロゼ、赤、スパークリング、甘口のどこから選べばいいのか詰めましょう。

自分の役割が定まったら、腰をすえて銘柄選びです。手持ちから出すより、ゼロから選ぶ方が勉強になります。だれもが飲んだことのある定番は避けたい。無難ですが、自分にも、参加者にも発見や驚きがありません。値段の高いワインを持参するより、お値打ちのワインを発掘するほうがはるかに難しい。

ピノ・ノワールがお題なら、ブルゴーニュではつまらない。ニュージーランドやオーストラリア、南アフリカなどの、あまり知られていない生産者を探すと面白い。チリの冷涼な産地から生まれるお手頃ワインで、あっと言わせるのも楽しい。ブルゴーニュ縛りなら、知名度の低いドメーヌや産地にフォーカスしてはどうでしょう。

そのためには、知識を総動員して、ネットで検索する必要も出てくる。その過程で、多くの情報にふれます。それが蓄積になるのです。現場で質問されたら、ポイントをスラスラと説明できるくらいになっているのが好ましい。

日本には「謙譲の美徳」という言葉があります。大勢が集まる場ではシャイな人が多い。でも、自分の意見を表に出さない人は、周りの人に何も与えていないのと同じです。自分から与えなければ、相手から何かを受け取るのも難しい。

積極的に質問しましょう。相手がよく知らなくても、ほかの人が知っているかもしれない。あなたが勘違いしていたら、だれかが正してくれます。そうやって、参加者全員に学びの機会が与えられます。失敗を怖れないで。楽しみながら、知識量が増えていくのがワイン会の最大のメリットです。

持っていく赤ワインは朝から冷やしておく

レストランに事前にワインを送る方もいるでしょう。熟成したワインの場合は避けられませんが、レストラン側の都合をよく聞いてください。持ち込み料を払うとはいえ、大量のボトルを事前にセラーで預かるのは結構な負担になります。

当日に手持ちする場合、最も重要なのは温度です。人数が多いと1杯しか飲めないので、会場に着いた時に、適温に近い状態にしておきたい。たくさんのボトルを最適な温度にするのは時間がかかります。私は白も赤もすべからく、当日の朝から冷蔵庫で冷やしておく。白なら氷水のバケツにつけるだけですぐに飲み頃です。赤はそのまま飲めばたいていＯＫです。瓶を触った時にヒンヤリと感じるくらいが適温です。

ワインスクールで講義した後に、よく「アフター」と称するワイン会をしていました。赤ワインはほとんどぬるすぎました。それでは酸がぼやけて、キレが失われる。すべてバケツに浸けました。大切なのは10分程度に限ること。飲んでいるうちに忘れて、冷えすぎると、回復に時間がかかります。

アウェイで行われるワイン会は、つい飲みすぎてしまいがち。グラスに少量でも本数が多ければ、結構な量になります。おうち飲みと違って、自分のペースも作りにくい。飲み意地は抑えて、足りないかなと思うくらいが適量です。

酔うと大声になりがち。飛沫《ひまつ》が飛ばないように気をつけましょう。

ブラインド・テイスティング 当てにいかず積みにいく

ブラインド・テイスティングが近年、流行っています。ワインスクールの人気企画となっていて、日本ソムリエ協会もコンクールを開いています。プロがワインの品質を見抜く手段なので、「流行」というのも変ですが、ゲーム感覚で遊ぶ人が多いようです。ワイン会もブラインドで行われるケースが多いので、最低限の作法を紹介します。

「当たった」とか「外れた」と、よく言われます。

「当てにいく」という気持ちで臨む限り、早晩行き詰まります。

ステップ3で紹介したテイスティングを通じて、論理的に積み上げていくのが正道です。勘ではダメ。飲んだ瞬間に「これはソーヴィニヨン・ブランだ」と、品種を決めつけるようでは道は遠いでしょう。

外観と香りから得られる情報は多い。産地は温暖か冷涼か、それとも中間か、そこから可能性のある品種を漠然と絞り込みます。香りの広がり、アルコール度、ボディ、酸の高さ、全体の質感などを精査し、醸造法もチェックします。樽を使っているか、ステンレスタンクでニュートラルに仕上げているか。全体のバランスを見て、さらに絞り込む。すべての要素は関連しあっています。確信のもてる証拠を積み上げて、枠組みを狭めていきます。最後に浮かび上がるのが解答です。

気候1つとっても、暖かいのか、涼しいのかの判断は変数が多い。熟度がやや高めで、酸度も高めなら、日照量の多い新世界の可能性がある。標高の高い畑、海からの涼しい風の影響を受けている畑かもしれない。そのような産地は、オーストラリア、ニュージーランド、カリフォルニア、チリなどいくつかの候補がある。そこに品種の可能性や醸造法などの情報をかけあわせていく。

前提として、主要な産地の個性、品種や気候、収穫年の作柄を把握しておく必要があります。そうでないと、まぐれ当たりはあっても、安定したテイスターにはなれません。

ワイン会でブラインドに直面したら、勝とうとしないことです。ホームランを打とうとすると空振りします。力むとしくじるのはスポーツと同じ。平常心を保って、いつも通りのフォームを心がけましょう。2、3種類まで絞り込んで、自分の思考の流れが論理的かどうか、検証すればいい。

私も酔った挙げ句に、ブラインドのゲームに巻き込まれることがあります。日本でも海外でも。まわりにはたいてい、マスター・オブ・ワインや、有名なソムリエやらがいます。だれも最初に口を開かない。失敗したくないから、さんすくみ状態になってしまう。そもそも、酔っているので、正常な判断はできません。

私は沈黙に耐えきれない性格なので、先頭を切ってしばしば失敗します……。

ワインバーで、ブラインドの名人ぶりを発揮している人がたまにいます。

これにはたいてい裏があります。

ブラインドをするような店では、その名人はたいてい常連です。ワインリストや店主の好みを知っている。店主もその客の好みを知っている。持ち寄りでも傾向は推測できる。出そうな産地や銘柄の傾向はおおまかに予想がつきます。

日本なら、ブラインドで出てくるのはボルドーかブルゴーニュが多い。ある程度は名前が知れていないと、盛り上がらない。だれも知らない最先端のワインではゲームになりません。熟成したものをグラスで出すと値がはります。

あなたが勝ちにいきたかったら、ワインリストや空き瓶をチェックすることです。私が主催者なら、ニュージーランドのシャーウッドのピノ・ノワール（№36）やチリのベティッグのピノ・ノワール（№41）を出します。半数の人はブルゴーニュのシャンボル・ミュジニーあたりと答えるでしょう。新世界の冷涼なピノ・ノワールとわかっても、産地を詰めるのはかなり難しい。

ともあれ、ブラインド・テイスティングは、ラベルに惑わされずにワインを評価する最善の方法です。成功よりも、失敗から学べるチャンスです。

コラム

ブラインド・テイスターになる5つの秘訣

２０１６年の世界最優秀ソムリエ、アーヴィッド・ローゼングレン（スウェーデン）が、ブラインド・テイスターの５つの秘訣をネットで紹介しています。

１　ベーシックなワインにこだわれ

シャブリ、モーゼルのリースリング、キャンティ、リオハ、ナパのカベルネ、バロッサのシラーズのような基本となるスタイルを学ぶべき。

２　自らを鍛錬せよ

外観、アロマ、味わいなどのグリッド（枠組み）をあてはめて、細かい違いを見分ける。その方法が染み込んだら、心が自由になって演繹的な推論ができる。

３　まず試飲して、次に推測せよ

ユニークなワインの場合、パニックになって、中途半端に推測するよりも、ワインの全体像を評価して、知識や経験に基づいて推測せよ。

４　試飲と知識は同一歩調で

理論的な知識がなければ、経験に基づく推測はできない。例えば、ヴィンテージを決めるにはワインの年齢と熟成を判断し、レンジを狭める中で、どう表現するかを考える。

5 没頭せよ

成功には努力が必要という1万時間の法則。訓練をつむほど、良いテイスターになれる。訓練をさぼれば、技能は落ちる。

含蓄に富んでいます。まず基本のワインを学ぶ。枠組みを狭める自分の手法を確立する。見当がつかない場合は全体像を見る。理論を学んで、ひたすら訓練を積む。1つでも2つでも、できることを取り入れましょう。

ローゼングレンはエンジニアから転身し、31歳にして世界のソムリエの頂点にたちました。エンジニア出身だけに論理的です。ブラインド・テイスティングに限らず、ワインの試飲や楽しみに役立つヒントが詰まっています。

レストランに行く　情報の宝庫ソムリエから盗む

そろそろレストランに出かけてみましょう。ソムリエから話が聞け、おうち飲みでは得られない体験ができます。

席に着くと、まず食前酒を勧められます。いらなければ断っても大丈夫。定番はシャンパンですが、グラス1杯1000円はする。私はたいてい白ワインです。

食前のシャンパンは、万人向けで、無難な造り手が多い。店側もグラスで注いで、余っては損になるので、これぞというブランドを出すところは少ない。グラスの白ワインはそのレストランの力と方向性がわかるので、いいところは手を抜きません。華やかにいきたい方はもちろん、シャンパンで。

「ガス入りとガスなしのどちらを？」と聞かれた場合はミネラル・ウォーターのこと。これもいらなければ「普通の水はありますか？」と聞けばいい。

食前酒はフランス語で「アペリティフ」といいます。ゆっくりと飲みながら、料理を決め、近況を話し合うのです。普段とは違う特別な場所になじんで、気持ちを切り替える時間でもあります。白だとそのまま、アミューズ（おつまみ）や前菜が出た時に、飲みつなげます。

料理を注文すると、ワインリストを手渡されます。スパークリング、白、赤、甘口ワインの順に載っていて、さらに産地別に分かれています。ワインを飲み始めた頃は、じっくりと眺めていましたが、ほっておかれる相方は退屈なのでほどほどに。

ブルゴーニュ・ボーヌのビストロ「マ・キュイジーヌ」のリストは、産地と色を分けて、値段順になっています。ワイン選びの最大の基準は値段。このリストは理にかなっているけれど、よそではめったに見かけません。もっと増えるといいのに。

あまり飲まない場合は、「料理に合わせてグラスワインを」と頼みましょう。ソムリエは、料理に合うワインを最もよく知っているので任せれば安心。グラスワインは「バイ・ザ・グラス」と呼びます。一度に様々な種類を飲めるので楽しみが広がります。

リストから選ぶ場合は、予算と本数を決めます。ワイン1本の予算は、1人前の料理の値段プラスアルファが目安。5000円のコースなら8000円程度でしょうか。2人なら1本、4人なら2、3本です。白か赤か迷ったら赤が無難です。赤の方が品揃えが豊かで、値段も味わいも、選択肢が広いから。

ソムリエは現場の神様　わがままは控えめに

せっかくなので、ここで自分なりのアイデアをぶつけてみましょう。

「これあたりどうですか」と指差しながら伝える。優しいソムリエなら「それはいいですね」とうなずいてくれるので、どんな味わいか聞いてみるといい。ソムリエは自分が扱うワインの味わいや状態をよく知っています。そこから知恵がもらえます。

「こちらの方が飲み頃です」とか「濃厚な料理なのでこちらの方が」と言いながら、別のワインを勧めてくれることもあります。その場合は理由を聞けば、ペアリングのコツがまた1つ学べます。

このやり方は、こちらの予算もさりげなく伝えられるのでスマートです。

ワインを注文すると、ソムリエがボトルを運んできて、ラベルを見せます。間違いないかどうかを確認したら試飲します。これをホスト・テイスティングといいます。

ワインをグラスに少量注いで、注文した人が味や香りをチェックします。ワインに問題がないかどうかを確認する儀式です。緊張しますが、こちらを試しているわけではないので、ご心配なく。わからなければ、「問題ないですよね」とソムリエに任せればいい。私はワイン選びでは何度も失敗してきました。ソムリエにエゴを主張して、楽しみを逸したのです。

約30年前、リヨン郊外の「ポール・ボキューズ」で、名物のブレス鶏を頼んだ時のこと。私がコート・ロティにこだわったら、ソムリエはブルゴーニュの白をしつこく勧めてきた。白は面白みがないと思い、赤のコート・ロティで押し通しました。相性は白の方がよかったでしょう。意地を張って申し訳なかった、と後悔しています。

ミラノの二つ星「アイモ・エ・ナディア」に、知人の紹介で出かけた時、ソムリエは「古いバローロを用意してあるから」と見せてくれました。その時の私は、カンパーニャのモンテヴェトラーノを飲みたかったのです。両方とも開けてくれた。結果的には、両方飲みきれず、二兎を追う者は……となってしまったのです。

ソムリエはワインをサービスするプロです。

信頼してアドバイスを受けるのが肝心です。

ワインの抜栓《ばっせん》の所作、注ぎ方、ペアリングの発想。いたるところにヒントが詰まっています。耳をそばだて、目を皿のようにして観察しましょう。

料理やワインの感想を一言でも言うと喜ばれます。

1つだけ重要なのは独り占めしないこと。長くて3分です。

フレンチ「ロオジエ」で働く全日本最優秀ソムリエの井黒卓さんは、客と話し込んでしまい、上司の中本聡文さんからよく注意されました。「1つのテーブルに5分以上かけると、調理の流れが変わる。その間、ほかのテーブルが置き去りにされる」と。

接客のプロに気遣いできれば、ソムリエに愛される客になれます。

ワイナリーを訪問 風に吹かれ大地を踏みしめる

ワインは農産物です。

ブドウを栽培している土地に出かけ、風に吹かれ、大地を踏みしめる。そうして初めて実感できることも多い。モーゼルの急峻な畑に立てば、先人の苦労が思いやられる。シャトー・ヌフ・デュ・パプで時速50キロを超す北風ミストラルに吹かれれば、病害の少ない理由がわかります。

海外ではワイン観光が盛んです。ヨーロッパは閉鎖的な産地も多いけれど、パンデミックによって売り上げが打撃を受けている。ブルゴーニュやシャンパーニュも開かれてきました。カリフォルニアやオーストラリアは元から、ワイナリーに付属するショップの売り上げが大きく、レストランも併設して、売り上げを増やしています。

でも、今は海外に気軽に行ける状況ではありません。日本のワイナリーに目を向けましょう。日本もワイン観光に力を入れてきました。海外や日本国内で修業した若い世代が、外国に追随するのでなく、信念に基づいてワインを造っている。ここ10年で、品質が向上しています。

品質向上の著しい日本ワイン

日本はブドウの生育期に雨が多いハンデを抱えています。それを克服して、かつてはフランスのようなワインを造ろうとしていたのが、無理せずに、日本の風土を映すものを造ろうとする造り手が出てきています。農薬や除草剤を使わない有機栽培で、自然なワイン造りを目指す若手も各地に登場しています。

北海道は梅雨がなく台風が来ない気候を生かせる注目の産地。ワイナリー数は山梨、長野に次いで国内3番目です。果樹栽培の歴史が長い余市では、曽我貴彦さんの「ドメーヌ・タカヒコ」と弟子のドメーヌが、ヨーロッパからも注目されるピノ・ノワールやピノ・グリを造っています。

札幌から車で1時間強の岩見沢には「10Rワイナリー」、その北の三笠には「山﨑ワイナリー」や「栗澤ワインズ」、「タキザワワイナリー」があり、農村振興を視野に入れて、ワインを造っています。

道南の函館には、ブルゴーニュで醸造資格をとった佐々木賢・佳津子夫妻の「農楽蔵」がカルト的な人気を集めています。可能性に目をつけて、ブルゴーニュの名門ドメーヌ・ド・モンティーユ当主が進出し、「ド・モンティーユそして北海道」の名で、ワインを造り始めました。

新潟市郊外の沿岸地帯では、「カーブドッチ」がワイナリー経営塾を主宰し、そこから「フェルミエ」など新たなワイナリーが次々と生まれました。スペインの雨の多いリアス・バイシャス地方で栽培するアルバリーニョ種を植えて成功し、新潟ワインコーストと呼ばれています。長野の千曲川流域にも、千曲川ワインバレーと呼ばれる新興産地があり、若手のワイナリーが集まっています。

日本のワイン造り発祥の地で、最大のワイン生産量を誇る山梨県も負けていません。

勝沼とその周辺には、老舗の「勝沼醸造」「グレイスワイナリー」のほか、大手飲料企業の経営する「シャトー・メルシャン」「サントリー登美の丘ワイナリー」など日本を代表するワイナリーが集中しています。グレイスやメルシャンは海外のワイン品評会でもメダルを獲得しています。

安倍前首相がサミットや首脳会談で日本ワインを積極的に供したせいもあって、日本ワインのイメージは世界にじわじわと広がっています。輸入ワインからではなく、日本ワインからワインの世界に入る愛好家も増えています。

ワイナリーを訪問すると、まずブドウ栽培の知識が身につきます。斜面の上部よりは、下部の方が表土が厚いので、ふっくらしたワインができる。そよ風が吹き続けるから病気が少ない。ブドウの粒が小さいから、凝縮したワインが生まれる……。

醸造の現場は常に工夫をして、品質向上を模索しています。発酵温度の調節、樽の使い方。その背後には必ず理由があります。

それらを観察し、体感することで、あなたのワインの理解はより深いものとなるでしょう。収穫期にヴォランティアを募集しているところも多い。収穫をすると、ワイン造りがより身近なものとなります。

日本のワイナリー数は３００軒を超えています。

小さな農家のようなワイナリーは、一般公開されていませんが、大手はスタッフをそろえて訪問者を歓迎しています。ワイン観光は、消費者にワイン文化を広める重要な手段です。新型コロナウイルスが拡大していた時期は閉鎖されていたワイナリーも徐々に開放されてきました。

一般訪問が可能なオススメワイナリー

試飲すると運転は不可。公共交通機関を使うか、ドライバーを確保。訪問は原則的に事前予約。コロナ対策で受け入れ不可な所もあります。

●シャトー・メルシャン 勝沼ワイナリー
ツアー、カフェ、ショップなどがそろい歴史資料も。日本のワイン観光のお手本。
山梨・甲州市。ＪＲ塩山駅からタクシーで10分。TEL 0553-44-1011

https://www.chateaumercian.com/winery/katsunuma/index.html

●ココ・ファーム・ワイナリー
1日3回の見学ツアー。ショップとカフェも。5種のテイスティングを500円で。栃木・足利市。JR足利駅からタクシーで18分。TEL 0284-42-1194
https://cocowine.com/

●ヴィラデスト・ガーデンファーム・アンド・ワイナリー
エッセイスト玉村豊男さんが開園。眺望がよく、ハーブ・野菜園も。週末のみツアー。長野・東御市。しなの鉄道田中駅か大屋駅からタクシーで10分。TEL 0268-63-7373
https://www.villadest.com/

●カーブドッチワイナリー
温泉や宿泊施設も備える。周囲に5軒の個性的なワイナリーがある。新潟ワインコーストの原点。

新潟市。ＪＲ内野駅からタクシー15分。TEL 0256-77-2288
https://www.docci.com/

●フェルミエ
銀行を中途退職したオーナーがカーブドッチで学んで創業。秀逸なアルバリーニョを生産。フレンチレストランも。
新潟市。ＪＲ巻駅からタクシーで15分。TEL 0256-70-2646
https://fermier.jp/

●セイズファーム
老舗の魚問屋が創業。魚介類を楽しめるレストランと畑と醸造所を回るツアー。
富山・氷見市。ＪＲ氷見駅からタクシーで20分。TEL 0766-72-8288
https://www.saysfarm.com/

●菊鹿ワイナリー

山鹿市と共同で設立。菊鹿シャルドネが人気。レストランも併設。
熊本・山鹿市。ＪＲ新玉名駅からタクシーで45分。TEL 0968-41-8166
https://www.kikuka-winery.jp/

●勝沼醸造
甲州ワインのアルガブランカがサミットや首脳会談で多用される。築１４０年の日本家屋で試飲。レストランも営業。
山梨・甲州市。ＪＲ勝沼ぶどう郷駅からタクシーで7分。TEL 0553-44-0069
https://www.katsunuma-winery.com/

●グレイスワイナリー
三澤父娘が山梨の明野と勝沼でワインを仕込む。英国の品評会や雑誌でも高い評価。
山梨・甲州市。ＪＲ勝沼ぶどう郷駅からタクシーで10分。TEL 0553-44-1230
https://www.grace-wine.com/

●サントリー登美の丘ワイナリー
登美や登美の丘などのフラッグシップを生産。畑、醸造所などじっくり見学。
山梨・甲斐市。ＪＲ竜王・塩崎駅からタクシーで15分。TEL 0551-28-7311
https://www.suntory.co.jp/factory/tominooka/

●北海道ワイン
道内最大の大手生産者。ケルナーやツヴァイゲルトが優れる。醸造所ガイドツアーも。
本社は小樽で、浦臼町に鶴沼ワイナリー。TEL 0134-34-2181
https://www.hokkaidowine.com/index.html

●高畠ワイナリー
東北で最大手。生産するレンジは幅広い。観光イベントも充実。
山形・高畠町。ＪＲ高畠駅から徒歩10分。TEL 0238-40-1840
https://www.takahata-winery.jp/

●サッポロビール岡山ワイナリー
樽、パッケージ、畑を見学。もちろんテイスティングも。
岡山・赤磐市。ＪＲ瀬戸駅からタクシーで20分。TEL 086-957-3838
https://www.sapporobeer.jp/wine/gp/winery/okayama/

●都農ワイナリー
第三セクターとして始まり、国際品種から甲州、キャンベル・アーリーまで。
宮崎・都農町。ＪＲ都農駅からタクシーで10分。TEL 0983-25-5501
https://tsunowine.com/

ワインセラー　大容量の安心できるメーカー物を

ワインをたくさん飲むと、どうしても買ってみたい銘柄が生まれます。ワイン会で出会った忘れられないワイン、ワインショップで試飲した高級ワイン、結婚した年のワイン。そうしたワインはたいてい、熟成させて飲んだ方がおいしいものです。

デイリーワインの多くは、数年以内に飲んでおいしい。そういうように造られています。購入したワインの8割は48時間以内に飲まれるという統計もあります。

ただ、一握りの高価なワインは、熟成させて真価を発揮します。ブルゴーニュの赤ワインなら、タンニンが溶け込んで絹のような舌触りになり、森の下草やなめし革の複雑な香り、ダシのようなうまみの乗った味わいに進化します。

いいワインは若くてもおいしいのですが、20年以上寝かせた味わいを経験すると、忘れられなくなります。禁断の果実です。熟成したワインは必ず高値です。知って幸せになったのか、知らない方がよかったのか。発売時に購入すれば、自分で熟成させられます。

そこで悩むことになります。ワインセラーを買おうかどうかと。

一昔前のワインセラーは10万円以上が当たり前。ちょっとした買い物でした。今では1万円から2万円でも、結構な選択肢があります。あせって手をださないでください。安いものは収納本数が少ない。

本数は最低でも30本、できれば70本タイプがいい。なぜかって。セラーを買えば、必ず購入本数が増える。すぐに埋まってしまう。その結果、何台も買い足すことになる。私も3台になってしまいました。

電化製品は信頼性とアフターサービスも大切です。アマゾンで中国製のデジタル製品を購入して、何度も後悔した方は多いでしょう。安価なセラーを利用したことがないので、口出しできませんが、猛暑の夏にいきなり故障したら悪夢です。エアコン同様にすぐに来てくれなかったら……買う前にアフターサービスの体制を確認しましょう。

私の知る限り、フォルスターかドメティックの製品は安心できます。私の所有するフォルスターは10年選手です。買い時は暑くないオフシーズンです。

ワインを熟成させるのは子育てと同じ

ヨーロッパの住宅の地下室は20度以下。ワインを保管しても、夏をしのげます。20度までなら熟成が早まる程度で収まりますが、25度まで上がると、酸化や熱ダレなど明確な劣化が起きます。亜熱帯化する日本で、酷暑を乗り切るにはセラーが必須です。

セラーが買えない、あるいは何本かセラーからはみ出す。そんな方は新聞紙に包んで、冷蔵庫の野菜室につっこんでおいてください。1、2か月程度なら、それほど大きな影響は受けないでしょう。

セラーの使用時のコツを2つだけ。頻繁に開け閉めしないこと。そして、窓に近い暑い場所に設置しないこと。夏は気温が上がるので負担がかかり、寿命が短くなります。冷蔵庫ほど丈夫ではないので、気をつけて。

冷静に考えると、ワインセラーは贅沢品です。ブルゴーニュやシャンパーニュのように、2度と手に入らない場合は仕方ないけれど。手間暇と耐用年数を考えると、10年後に値上がりしたバックヴィンテージを買った方が安い場合もある。保管料は高いけれど、預かってくれる商業倉庫もあります。

それでも自宅のセラーにワインを寝かせるのは、子育てをするのと同じ。購入して自分の手で育てる時間が愛おしい。栓を開ければワインと共に過ごした記憶が蘇る。タイムカプセルの機能も果たす。ワインは飲み手に夢を見させる飲み物なのです。

総仕上げのおうち飲みワイン会　お客さん全員を幸福に

総仕上げにおうちでワイン会を開きましょう。

レストランの場所を借りるのと、おうちに人を呼ぶのは全く違います。

おうちで開くのは、訪れるお客さん全員をもてなすことです。料理とのペアリング、温度の調整、時間のコントロールなど、ワインをおいしく飲むためのすべての作法が含まれています。ホスト役をつつがなくこなせれば、あなたのワイン流儀もほぼ完成したと言えるでしょう。

レストランのワイン会は、ワインの比重が7割程度ですが、おうち飲みワイン会は料理とワインが半々になります。料理好きな方はメニューを組み上げること自体が楽しみですが、苦手な方や忙しい方もいるでしょうから、負担のかからない前提で考えます。

お客様が集まったら、ワインと料理を並べたセットリストを配りましょう。スマホで撮影すればいいので、1枚でも十分です。

最初のおつまみはハムか生ハムがオススメです。それに、薄く切ったバゲットかカンパーニュ、バターかチーズがあれば完璧です。保存のきく素材を組み合わせるこの3点セットは、フランスの食の三種の神器です。日本で言えば、ご飯、味噌汁、漬物でしょうか。

ブルゴーニュやシャンパーニュの生産者を午前中に訪ねると、熱心に試飲して、ランチの時間が足りなくなる。次の訪問先まで30分。そんな時に、手早く出してくれるのが、ハム、チーズ、パンにピクルス。これがおいしくて、結局、約束に遅れたりして……。

バターやチーズなどクリーミィな乳製品は、塩味のあるハムを丸くつつみこむ。それらをパリパリしたパンではさむサンドイッチが、フランス人の代表的な昼食です。おにぎりみたいなもの。滞在中は毎日これでも飽きません。

食感と味わいの調和したサンドイッチは、ワインの酸味、塩み、まろやかな質感と相性がいいのです。日本酒とサキイカ、ビールとナッツのように、不動の組み合わせです。

フランスやスペインあたりでパーティに出ると、1時間近くはこれで、シャンパンやカバをだらだらと飲み続けます。長いアペリティフで座を温めるのです。シャイな性格の多い日本人にも使える技です。

乾杯のスパークリングは、お手頃なものとちょっと高めのシャンパンを、参加人数の3割くらい用意したほうがいい。8人なら3本というところでしょうか。マグナム瓶にすると華があります。最初に飲み切る必要はない。開けっ放しにして、最後にいったん冷やして飲むと、香りの変化が楽しめます。シャンパンの場合は、締めシャンといって、気分がリフレッシュします。

料理の持ち寄りをお願いするとしたら、最初の方に出す前菜がいいでしょう。バゲットやチーズもお願いしてしまいましょう。手製のピンチョスやデパ地下のサラダにしてもいい。運ぶのが簡単です。ポテトサラダも意外に白やスパークリングに悪くない。ポテトサラダの大好きな英国人の高級ワインバイヤーを知っています。

支配人、ソムリエ、料理人役を1人でこなす

持ち寄りワインの調整は事前にしなければなりません。ややこしい作業です。ポイントは主役となる赤と白、もしくはシャンパン。それを決めたら、あとは色のバランスだけとればいい。ふんわりとテーマを定めておくと楽です。新旧世界のピノ・ノワール、ちょっと古めのボルドー、珍しい土着品種の再発見とか。ただの飲み会にしないためにも。

温度調整はあなたの仕事です。ワインが集まったら、飲む順番を再点検して、冷やすものはすかさず冷蔵庫へ。事前に氷を大量に作っておいた方がいいでしょう。

一斉に注ぐと1人1杯しかありません。一期一会。適温にしておかないと、せっかくの出会いが台無しです。設備を整えたレストランと違って、最も手間のかかる部分です。ぬるいよりは冷たい方がまだいい。手で包んで温めればいいのですから。

グラスは1個で通せばいいでしょう。赤から白に戻る時は洗う必要が出ますが。若いものから古いものへ。薄いものから濃いものへ。シンプルなものから複雑なものへ。この順でいけば問題ありません。生産者の食卓で飲む時も、グラスの数は多くて3脚です。

ワインショップの試飲で、ヴィンテージが変わるたびに、神経質に洗う人を見かけます。水滴が残って薄まるデメリットの方が大きいので止めた方がいい。ワイナリーでは、1個のグラスで数十種を樽から試飲します。

ワイン会のホストは、支配人、ソムリエ、料理人の3役を兼ねています。料理が遅れるのは避けられません。腹ふさぎになるのは、ピザとパスタです。炭水化物があると、気分が安らぎます。これらが売れ残った記憶はありません。ポテトもオーブンでローストして出して、塩とバターを添えれば、たいていのワインに合います。

メインの料理は、グラタンやシチューがオススメ。取り分ければ、サーブの手間が省ける。ワインに合わせて、接点となるスパイスやハーブを準備すると気がきいています。収穫を手伝う時、収穫人のランチは大皿料理と決まっています。

最後の1本が終わったら、締めシャンパンで口をニュートラルにしてもいいし、大人数でないと開けられない甘口を開けてもいいでしょう。

ワイン会を開くのは、1日レストランを開くようなものです。お客さんに幸福な気持ちで帰ってもらえれば成功です。レストランと違って、お金をとるプロではないので、多少のミスは許されます。

でも、ワインのサービスの流れ、順番や温度、料理とのペアリングなど手は抜けません。ワインの力をきっちりと引き出すには総合力が必要。大勢を相手に、時間と空間をコントロールできるようになれば、1人でもワインのすべてを余すことなく楽しめるでしょう。

最初に話したように、ワインはソーシャルなお酒です。親しい人々と語り合い、心労を吹き飛ばし、喜びをシェアする。ここまで来たら、あなたのおうち飲みの流儀は免許皆伝の域に達しています。自信をもって、人々におうち飲みの作法を広めてください。

ステップ

5

★★★★★

試飲ワイン 6本

海風の吹く涼しい気候
豊満すぎないシャルドネ

〈No.45〉

バラード・レーン シャルドネ 2018

Ballard Lane Chardonnay 2018

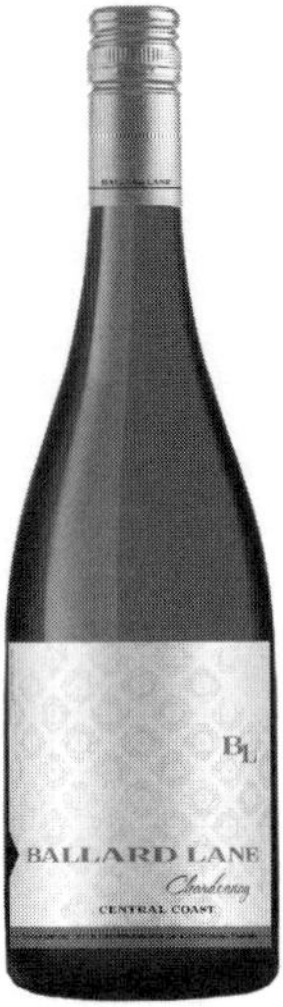

産地	アメリカ カリフォルニア　セントラル・コースト
ブドウ品種	シャルドネ
参考小売価格	2200円
輸入元	アイコニック ワイン・ジャパン TEL 03-5848-8344

日本人の好むカリフォルニアワインは、シャルドネ、ピノ・ノワール、カベルネ・ソーヴィニヨンです。果実味が強く、アルコール度が高めで、新樽の強いものが多い。米国は世界最大のワイン消費国。自国民の好むスタイルに合わせています。フランスワインを好む日本人には強すぎる。この輸入元の社長は在日30年の米国人で、日本人の味覚と価格感をよく知っています。カリフォルニア南部のサンタ・バーバラなどからお買い得ワインを入れています。

マイヤーレモン、白桃、ナッツ、クリーミィな口当たりで、果実は熟していながら、豊満すぎることはない。冷涼感を秘めていて、ミルキーな余韻が心地よい。樽からくるヴァニラのタッチがあるけど、きれいに統合されています。ブドウ畑のあるサンタ・イネズ・ヴァレーは、寒流の流れる太平洋からの涼しい風が吹きつける。太陽が照りつける8月の昼間でも、ジャンパーが必要なくらい肌寒い。涼しい気候がワインに抑制感を与えています。

涼しい南カリフォルニアから日本人に合うカベルネ

〈No.46〉

ファイヤーストーン・ヴィンヤード カベルネ・ソーヴィニヨン　2018

Firestone Vineyard Cabernet Sauvignon 2018

産地	アメリカ　カリフォルニア
ブドウ品種	カベルネ・ソーヴィニヨン
参考小売価格	2000円
輸入元	アイコニック ワイン・ジャパン Tel 03-5848-8344

サンフランシスコから北へ車で60分。ナパヴァレーはカリフォルニアワインの聖地です。ボルドーに負けないカベルネ・ソーヴィニヨンが造られているけど、果実味の凝縮したマッチョなスタイルは体力がいります。日本人の味覚に合うカベルネを探して見つけたのがこれ。バラード・レーンと同じく、サンタ・イネズ・ヴァレーに本拠を置く。有名なタイヤメーカー「ファイヤーストーン」の一族が１９７２年に設立し、今は別の家族ワイナリーの傘下にあります。

黒みがなく、グラスの向こうが見通せるガーネット色、ブラックベリー、甘草《かんぞう》、タバコの箱、タンニンは柔らかくて、適度な凝縮感があります。アルコール度は13・５%。日本人にはちょうどよい強さで、暑すぎる感じもない。サンタ・イネズはピノ・ノワールやシャルドネも造られる涼しい産地。心地よい酸があり、バランスがとれています。カリフォルニアのワイン産地は南北１０００キロ以上に延びている。好みの産地を探るのも楽しみの１つです。

米国のフロンティア精神を体現
男性的でも飲み疲れしない

〈No.47〉

クライン・セラーズ オールド・ヴァイン ロダイ ジンファンデル　2018

Cline Cellars "Old Vine" Lodi Zinfandel 2018

産地	アメリカ カリフォルニア　セントラル・コースト
ブドウ品種	ジンファンデル
参考上代	2200円
輸入元	布袋ワインズ　Tel 03-5789-2728

ジンファンデルはカリフォルニアの土着品種といっていいほど、アメリカ人に愛されています。起源はクロアチアですが、西部開拓時代から新天地を目指す移民に愛されてきました。アメリカンドリームの原点となるフロンティア・スピリッツと深く結びついている。太陽に恵まれた〝ゴールデン・ステート〟の各地で栽培されています。このワインを産するロダイには樹齢50年を超す古木が生き延びています。

ブラックチェリー、黒コショウ、クローブ、穏やかな酸があり、果実味とエキスあふれる男性的な味わいです。でも、ステンレスタンクで発酵し、濃厚一辺倒ではない引き身の優雅さもある。飲み疲れしません。柔らかくて、親しみやすい。クラインはジンファンデルの名手。料理はバーベキューでしょう。人種も、性別も、年齢も超えて、大勢がコンロを囲み、肉や野菜をほうばる。バーベキューは分断化が進むアメリカで最も大切な〝自由と平等〟を象徴する食べ物です。ワインの向こうにお国柄が見えます。

和柑橘の香りとさわやかな酸
メイド・イン・ジャパン

〈No.48〉

シャトー・メルシャン
玉諸甲州きいろ香　2019

Chateau Mercian Tamamoro Koshu Kiiroka 2019

産地	山梨県　甲府市
ブドウ品種	甲州
参考価格	2272円
発売元	シャトー・メルシャン　TEL 0120-676-757

日本ワインの3本はすべて甲州種です。国際品種でいいワインも登場していますが、海外より高めで、手に入れにくい。固有品種の甲州から始めましょう。生食ブドウから造るワインが、研究者や生産者の努力により、ロンドンの専門家が寿司に合うと評価するまでになった。その可能性を開拓したのがシャトー・メルシャンです。収穫時期を早めて、中甘口だった甲州を、柑橘香と酸味のあるフレッシュなスタイルに変えた。2004年の「甲州きいろ香」が先駆けです。

柚子やカボスなどの和柑橘、みかん、白い花のような香り、すっきりした酸があり、ほのかなタンニンが厚みと複雑さを与えています。焦点のあった味わいです。甲州は苦みが出やすいのですが、甲府市の玉諸地区のブドウを早めに摘むと、香りが高まっても苦みが出にくい。栽培農家の付き合いと長年の醸造の経験から生まれたワインです。本格的な歴史は短くても、少しずつ進歩し、日本でしかできないメイド・イン・ジャパンのワイン造りに取り組んでいます。

世界のVIP御用達
わび・さび解する日本人向け

〈No.49〉

勝沼醸造　アルガブランカ
クラレーザ　2019

KatsunumaWinery
ARUGABRANCA CLAREZA 2019

産地	山梨県　甲州市
ブドウ品種	甲州
希望小売価格	2000円
発売元	勝沼醸造　TEL 0553-44-0069

アルガブランカはおそらく日本で最も多くの世界のＶＩＰに供されたブランドです。安倍政権時代のサミットや晩さん会で、スパークリングのブリリャンテや畑名をつけたヴィニャル・イセハラが頻繁に注がれました。ＪＡＬとＡＮＡは搭載ワインに採用しました。ブルゴーニュで修業した4代目の有賀裕剛さんが醸造責任者を務めています。クラレーザは最もベーシックなワインです。

糖度が上がりにくい甲州種では、発酵中にヴォリューム感を出すための補糖が普通でした。裕剛さんは17年からこれを止めた。アルコール度が低い細身のスタイルの方がいい。自然に従って無理しない、という考えに変わったのです。レモン、ジンジャー、引き締まっているけど、ほのかな苦みがあって、生き生きしています。きれいで、そこはかとない品がある。醤油や味噌を使った素朴な料理に合います。わび・さびを重んじ、昼食はソバが落ち着くという日本人のためのワイン。その美意識はＶＩＰにも伝わったのでは。

技量と志の産物
クリーンでナチュラルな自然派

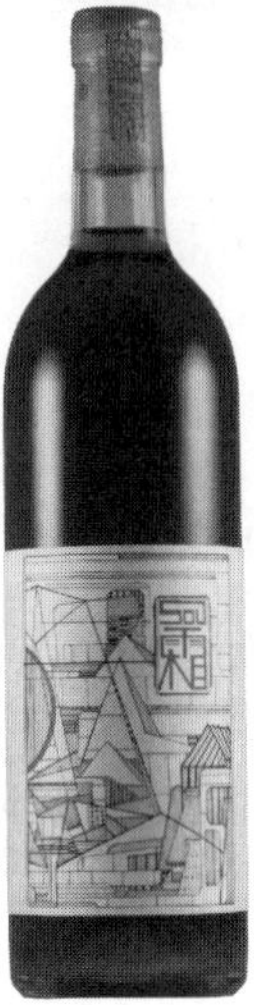

〈No.50〉

98WINEs　霜（SOU）
ロゼ　2019

98WINEs SOU ROSE 2019

産地	山梨県　甲州市
ブドウ品種	甲州
販売価格	2200円
発売元	98WINEs　TEL 0553-32-8098

醸造家の平山繁之さんは30年余り、日本ワインの王道を歩いてきました。メルシャンと勝沼醸造で、甲州種の道を切り開いた蓄積をつぎ込んでいる。国際品種も上手に造れる技量はあれど、「ワインは場所の文化」と考えて、土着の甲州とマスカット・ベーリーA（ＭＢＡ）にこだわっています。普通は醸造過程で添加する亜硫酸は使わない。そのため、１粒でも腐敗果があったら捨てる。酵素や薬品も一切使わない。声高に言わないけれど、本物の自然派ワインです。

ロゼは着想と技術の集大成。茎と一緒に発酵したＭＢＡに甲州を加えて、一緒に発酵している。本人も興奮しながら造っています。砕いたラズベリー、赤シソ、デリケートな果実が幾重にも折り重なり、継ぎ目のないフィニッシュ。甲州の苦みやＭＢＡの甘みがない。クリーンでナチュラル。心洗われる透明感に包まれています。98ワインズの「98」は１００点ではなく、２００点や３００点を求めるという想いの表れ。62歳の挑戦はまだまだ続きます。

コラム

ワインは外交の道具!?　晩さん会から読み取れるお国柄と時代

日本ワインや日本酒が供された2019年のG20大阪サミットの首脳夕食会（朝日新聞社提供）

王室や国の首脳が外交の場などで供するワインは、国民性が見えるようで興味深いものです。

安倍政権には、官邸と外務省にワインに詳しい官僚がいて、日本ワインや日本酒が積極的に使われました。在外公館でもプロモーションする習慣が定着しています。

寿司やアニメの人気が世界に広まったクール・ジャパンの流れに乗っています。海外での普及に一役買うと同時に、インバウンドの増加にもつながるはずです。

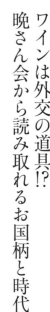

ホワイトハウスにはワイン・ディレクターがいます。自国産ワインからゲストの国にちなんだワインを選びます。

15年のオバマ大統領主催の公式晩さん会では、米国で結婚したアキコ・フリーマンさんの造る「フリーマン・ヴィンヤード＆ワイナリー　Ryo－fu　シャルドネ」と日本酒

「獺祭《だっさい》」が、安倍首相に供されました。

トランプ大統領は2018年、マクロン大統領をオレゴンのドメーヌ・ドルーアンのピノ・ノワールでもてなしました。

ドルーアンはブルゴーニュに本拠を置く造り手。オレゴンの可能性を見出して、87年にワイン造りを始めた。今では多くのブルゴーニュ生産者がオレゴンに進出しています。

乾杯用に多用されるのが、シュラムスバーグのスパークリングワインです。1972年に電撃訪中したニクソン大統領が周恩来首相と交わした「平和の乾杯」に使われて、ホワイトハウス御用達となりました。NBCのニュース番組「トゥデイ・ショー」で、キャスターのバーバラ・ウォルターズが、天安門広場前からレポートして知れ渡りました。

シュラムスバーグの電話は鳴り続け、在庫はすぐに売り切れ。政府は実は、その3週間前に、13ケースのシュラムスバーグを近くの空軍基地に届けるよう注文していました。オーナーはその理由をテレビ・ニュースを見てさとったというわけ。年産1000ケースだったシュラムスバーグは、アメリカン・ドリームをものにしました。

中国を美酒でもてなし大型の商談 したたかなフランス

フランスはしたたかです。

マクロン大統領は2019年、中国の習近平国家主席をコート・ダジュールでの私的ディナーに招待。三つ星シェフの料理に、ドルーアンのモンラッシェ2011年、ボルドーで最も高価なペトリュス2002年を合わせて歓待しました。

そのおかげか、中国が大手航空機メーカー「エアバス」の航空機300機を購入する商談がまとまり、フランス産鶏肉の輸入解禁にも合意してくれました。

バッキンガム宮殿の乾杯に使われるのは、シャンパンと決まっていましたが、近年はもっぱらイングリッシュ・スパークリング・ワインです。

地球温暖化に伴って、これまでリンゴ酒しかできなかった英国南部でブドウが熟すようになり、良質のスパークリングができるようになりました。ブラインド・テイスティングでシャンパンを打ち負かすワインも出ています。

ワインは時代を映す飲み物でもあります。

謝辞

試飲用サンプルやボトル画像をいただいた以下のインポーターにお礼を申し上げます。

アイコニック・ワイン・ジャパン、アサヒビール、イオンリカー、稲葉、ウミネコ醸造、ヴァンパッシオン、ヴィレッジ・セラーズ、エノテカ、オーデックス・ジャパン、JALUX、勝沼醸造、98WINEs、GRN、ジェロボーム、シャトー・メルシャン、ディオニー、テラヴェール、豊通食料、日本酒類販売、日本リカー、BMO、ファインズ、布袋ワインズ、マスダ、ミレジム、モトックス、三国ワイン、ラック・コーポレーション、ラフィネ。

山本昭彦 やまもと・あきひこ
1961年、山口県生まれ。ワイン・ジャーナリスト。読売新聞社を経て、購読制ワインサイト「ワインレポート」を設立。世界を駆け回りニュースと産地をレポートする。雑誌『ワイン王国』などに寄稿し、セミナーも。著書に『おうち飲みワイン100本勝負』(朝日新書)、『ブルゴーニュと日本をつないだサムライ』(イカロス出版)など。

朝日新書
798
絶対《ぜったい》はずさないおうち飲《の》みワイン

2021年1月30日第1刷発行

著　者　山本昭彦

発行者　三宮博信
カバーデザイン　アンスガー・フォルマー　田嶋佳子
印刷所　凸版印刷株式会社
発行所　朝日新聞出版
〒104-8011　東京都中央区築地5-3-2
電話　03-5541-8832（編集）
　　　03-5540-7793（販売）

Published in Japan by Asahi Shimbun Publications Inc.
ISBN 978-4-02-295108-3
定価はカバーに表示してあります。
落丁・乱丁の場合は弊社業務部(電話03-5540-7800)へご連絡ください。
送料弊社負担にてお取り替えいたします。

絶対はずさない おうち飲みワイン
山本昭彦

ソムリエは絶対教えてくれない「お家飲みワイン」の極意。ワインは飲み残しの2日目が美味いなどの新常識で、ワイン選びに迷わず、自分の言葉でワインが語れ、ワイン会を主宰できるまでの5ステップ。読めばワイン通に。お勧めワインリスト付き。

女系天皇
天皇系譜の源流

工藤 隆

これまで男系皇位継承に断絶がなかったとの主張は、明治政府の創出だった！『古事記』『日本書紀』の天皇系譜に加え、考古学資料、文化人類学の視点から母系社会系譜の調査資料をひもときながら、日本古代における族長位継承の源流に迫る！

陰謀の日本近現代史
保阪正康

必敗の対米開戦を決定づけた「空白の一日」、ルーズベルトが日本に仕掛けた「罠」、大杉栄殺害の真犯人、瀬島龍三が握りつぶした極秘電報の中身——。歴史は陰謀に満ちている。あの戦争を中心に、明治以降の重大事件の裏面を検証し、真実を明らかに。

20歳若返る食物繊維
免疫力がアップする！ 健康革命

小林弘幸

新型コロナにも負けず若々しく生きるためには、免疫力アップが何より大事。「腸活」の名医が自ら実践する「食べる万能薬」食物繊維の正しい摂取で、腸内と自律神経が整い、免疫力が上がる。高血糖、高血圧、肥満なども改善。レシピも紹介。

分極社会アメリカ
2020年米国大統領選を追って

朝日新聞取材班

バイデンが大統領となり、米国は融和と国際協調に転じるが、トランプが退場しても「分極」化した社会の修復は困難だ。取材班が1年以上に亘り大統領選を取材し、その経緯と有権者の肉声を伝え、民主主義の試練と対峙する米国の最前線をリポート。